VERLAG
ÖSTERREICH

Schriftenreihe Recht und Nachhaltigkeit – Band 1
Rechtswissenschaftliche Fakultät der Universität Innsbruck

Arnold Autengruber
Arno Kahl (Hrsg)

Mobilitätswende

Verkehre unter dem Einfluss von Nachhaltigkeit und Digitalisierung

2023

Monografie

RA Ass.-Prof. MMag. Dr. Arnold Autengruber
Institut für Öffentliches Recht, Staats- und Verwaltungslehre, Universität Innsbruck;
CHG Rechtsanwälte

Univ.-Prof. Dr. Arno Kahl
Institut für Öffentliches Recht, Staats- und Verwaltungslehre, Universität Innsbruck

www.verlagoesterreich.at
Gedruckt in Ungarn

Satz: HD Ecker: TextServices, 53225 Bonn, Deutschland
Druck und Bindung: Prime Rate Kft., 1044 Budapest, Ungarn

Zu diesem Buch stellen wir Ihnen online die Präsentationen zu den Beiträgen zur Verfügung. Diese können Sie unter dem Link http://bonusmaterial.verlagoesterreich.at/t_YE9938 mit dem Code 67hUnb3r6 downloaden.

Gedruckt auf säurefreiem, chlorfrei gebleichtem Papier

Bibliografische Information der Deutschen Nationalbibliothek
Die Deutsche Nationalbibliothek verzeichnet diese Publikation in der Deutschen Nationalbibliografie; detaillierte bibliografische Daten sind im Internet über http://dnb.d-nb.de abrufbar.

ISBN 978-3-7046-9195-8 (eBook)
https://doi.org/10.33196/9783704691958

ISSN 2960-4656
ISBN 978-3-7046-9168-2 Verlag Österreich
ISBN 978-3-8114-8934-9 Verlag C.F. Müller

Wir bedanken uns bei den Unterstützern der Tagung:

Vorwort/Hinführung

Mobilität ist ein Grundbedürfnis der Gesellschaft und eine Grundvoraussetzung für das Funktionieren einer ausdifferenzierten Wirtschaft. Der Sektor befindet sich derzeit in einem gewaltigen Umbruch. Maßgebliche Triebfedern sind diesbezüglich nicht nur rasante negative Veränderungen der Umwelt sowie des Klimas und der damit einhergehende Handlungsdruck, sondern auch der Umstand, dass Fortschritte in der Technologie, vor allem bei der Digitalisierung, neue Möglichkeiten eröffnen. Nachhaltigkeit und Digitalisierung sind damit die wesentlichen Determinanten der Veränderungen. Faktisch ist Vieles möglich. Dies wird bereits durch die Vielschichtigkeit der Begrifflichkeiten illustriert. Der Mobilitätsmasterplan 2030 umschreibt die Mobilitätswende als Kombination aus Verkehrswende und Energiewende im Verkehr.[1] Damit lässt sich auf unterschiedlichen Ebenen ansetzen. Wesentlich für den Erfolg von innovativen Überlegungen ist neben der tatsächlichen Umsetzbarkeit aber vor allem auch die rechtliche Machbarkeit.[2] Dies gestaltet sich umso komplexer, als der Mobilitätssektor (zumal Mobilität idR nicht an der Staatsgrenze endet) vielfältige Anknüpfungspunkte im rechtlichen Mehrebenensystem aufweist.[3]

1 Mobilitätsmasterplan 2030 des BMK, 16, abrufbar unter https://www.bmk.gv.at/dam/jcr:6318aa6f-f02b-4eb0-9eb9-1ffabf369432/BMK_Mobilitaetsmasterplan2030_DE_UA.pdf, abgerufen am 2.2.2023. Anders die Umschreibung in Wikipedia, die die Begrifflichkeiten gleichsetzt (vgl https://de.wikipedia.org/wiki/Verkehrswende, abgerufen am 2.2.2023): *„Als Verkehrswende, auch Mobilitätswende, wird der gesellschaftliche, technologische und politische Prozess bezeichnet, Verkehr und Mobilität auf nachhaltige Energieträger, sanfte Mobilitätsnutzung und eine Vernetzung verschiedener Formen des Individualverkehrs und des öffentlichen Personennahverkehrs umzustellen. Sie beinhaltet auch einen kulturellen Wandel, eine Umverteilung des öffentlichen Raums und eine Umleitung von Geldströmen. Eine solche Verkehrswende bezieht auch den Güterverkehr ein."*

2 Der rechtliche Instrumentenmix reicht von sanfter Verhaltenssteuerung (zB CO_2-Bepreisung) bis hin zu klaren Ge- und Verboten (ordnungsrechtliche Maßnahmen für eine qualitative Änderung des Verkehrssystems; zB aber auch das SFBG). Notwendige Investitionsvolumina erreichen in diesem Kontext neue Größenordnungen für Private (Anschaffung von Elektrofahrzeugen und Errichtung der dafür notwendigen Infrastruktur), Unternehmen (Verschmutzungskosten; Erwerb von Emissionszertifikaten) und Staat (Zuschussleistungen auch außerhalb krisenhafter Situationen).

3 Siehe nur *Bieber/Maiani*, Europäisches Verkehrsrecht[2] (2022) 29 ff.

Nachhaltige und digital optimierte Mobilitätsformen nehmen sohin, befeuert durch die aktuellen Klimaschutzbestrebungen, in der Öffentlichkeit eine zusehends bedeutende Rolle ein.[4] Die damit einhergehenden Herausforderungen werfen eine Vielzahl spannender, nicht nur rechtlicher Fragestellungen auf, denen sich die Teilnehmenden im Rahmen der an der Universität Innsbruck abgehaltenen Tagung „Mobilitätswende – Verkehre unter dem Einfluss von Nachhaltigkeit und Digitalisierung“ am 4. Oktober 2022 widmeten. Der dargestellten Verzahnung von Recht und faktischen Umsetzungsmöglichkeiten verdankt die Tagung auch den gewählten Kreis an Vortragenden, der sich aus ausgewiesene Expert:innen nicht nur aus der Wissenschaft, sondern va auch aus der Praxis zusammensetzt.

Die Tagungsbandbeiträge zeigen auf, dass Personen-Mobilität (als gewählter Fokus) gänzlich neu gedacht werden müsste. Dieser Gedanke ist nicht neu, er stellt sich in Zeiten geforderter Nachhaltigkeit und rasant fortschreitender Digitalisierung aber in neuer Schärfe.

In Form der einzelnen Panels setzte die Tagung folgende Schwerpunkte:

- Panel Öffentlicher Personennahverkehr („ÖPNV“): Rückgrat einer öffentlichen Personenbeförderung ist seit jeher der ÖPNV. Wenn er das auch in Zukunft bleiben soll, wofür va in Ballungsräumen viele gute Argumente sprechen, muss er sich anpassen und weiterentwickeln.[5] Treiber der Entwicklung sind Nachhaltigkeit und Digitalisierung, die neue Formen der (gepoolten und bedarfsorientierten) öffentlichen Personenbeförderung ermöglichen. Der Gesetzgeber ist insbesondere durch die fortschreitende Digitalisierung gezwungen, grundlegende Systemententscheidungen zu treffen, die jenseits oder zumindest unter nur noch relativ geltender Aussagekraft von gewohnten rechtlichen Abgrenzungskriterien getroffen werden müssen. Die Herausforderungen richten sich aber nicht nur an den Gesetzgeber, sondern auch an Gebietskörperschaften, Unternehmen und Kunden.

---

4 Auf den Verkehrssektor entfällt fast ein Viertel der Treibhausgasemissionen in der Europäischen Union. Es verwundert daher nicht, dass insbesondere der Europäische Gesetzgeber die Notwendigkeit neuer, emissionsarmer Mobilitätsformen betont und diesbezügliche Bestrebungen forciert. Vgl dazu nur Erwägungsgrund 12 zur VO (EU) 2018/842 zur Festlegung verbindlicher nationaler Jahresziele für die Reduzierung der Treibhausgasemissionen im Zeitraum 2021 bis 2030 als Beitrag zu Klimaschutzmaßnahmen zwecks Erfüllung der Verpflichtungen aus dem Übereinkommen von Paris, ABl 2018, L 156/26. Siehe weiters das Postulat einer raschen Umstellung auf eine nachhaltige und intelligente Mobilität im Europäischen Green Deal (Punkt 2.1.5. der Mitteilung „Der europäische Grüne Deal“, COM(2019) 640 final).

5 Vgl in diesem Sinne auch den Mobilitätsmasterplan 2030 des BMK, abrufbar unter https://www.bmk.gv.at/dam/jcr:6318aa6f-f02b-4eb0-9eb9-1ffabf369432/BMK_Mobilitaetsmasterplan2030_DE_UA.pdf, abgerufen am 2.2.2023.

- Das Panel Infrastruktur und Energiewende im Verkehr mit besonderem Fokus auf E- und Wasserstoffmobilität verknüpft Forschungsbereiche. Neue Mobilitätsformen wie E- und Wasserstoffmobilität lassen sich nicht ohne Blick auf das Infrastruktur- oder auch das Elektrizitätswirtschaftsrecht darstellen.
- Panel Finanzierung: Ohne staatliche Planung und Zuschüsse würde die Mobilitätswende vermutlich schon in ihren Kinderschuhen stecken bleiben. Die Förder- und Finanzierungsmöglichkeiten sind vielfältig, sodass exemplarisch besonders bedeutende Programme hervorgehoben werden.
- Panel Digitalisierung im Verkehr: Digitalisierung ist allgegenwärtig. Auch der Verkehrssektor ist ohne sie in keiner gewohnten Weise mehr vorstellbar. Das betrifft nicht nur die Fahrzeuge, sondern auch die Buchung von Verkehren und Verkehrsketten oder die komplexe Lenkung von Verkehrsströmen und somit Steuerung der Städte insgesamt („smart cities"). Weitestgehend unbemerkt von den meisten von uns greifen hier ständig neue Entwicklungen. Angesichts des *Moore'schen* Gesetzes sind die erwartbaren Entwicklungen hier überaus dynamisch.

Die Tagungsbandbeiträge leisten Grundlagenarbeit (zB die Definition von Erscheinungsformen von Mikro-ÖV), decken aber auch aktuelle Spezialbereiche (beispielsweise das SFBG als gänzlich neues Gesetz, das viele Fragen – nicht nur bei Verkehrsunternehmen, sondern auch bei Gemeinden und Verbünden – aufwirft) ab. Dieser Mix ist bewusst gewählt und hat zur Folge, dass der Tagungsband neben wissenschaftlichen Beiträgen eine bereichernde Facette in Form der Praxisberichte von Stakeholdern in der Mobilitätsbranche enthält.[6] Um die beste Qualität und einfachste Zugänglichkeit zu den Präsentationen der Vortragenden zu den Praxisberichten zu gewährleisten, sind diese jederzeit über QR-Codes abrufbar.

Die Herausgeber bedanken sich herzlich bei Herrn Univ.-Ass. Mag. *Fabian Saxl*, Frau Mag. *Elena Pardeller* und Frau *Irmgard Fitz-Posch* für die wertvolle Unterstützung bei der redaktionellen Bearbeitung dieses Bandes. Besonderer Dank gilt auch den finanziellen Unterstützern der Tagung sowie des Tagungsbandes. Dem Verlag Österreich danken wir für die angenehme und unkomplizierte Zusammenarbeit.

Innsbruck, im Februar 2023

Arnold Autengruber
Arno Kahl

6 Die Beiträge der Vortragenden aus der Praxis werden als Ergänzung zu den wissenschaftlichen Tagungsbandbeiträgen in Form der Präsentationsunterlagen dargestellt. Diesen Foliensätzen vorangestellt ist jeweils eine Kurzzusammenfassung, welche von Univ.-Ass. Mag. *Fabian Saxl* vorbereitet wurde, wofür sich die Herausgeber bei diesem sehr herzlich bedanken.

Geleitworte des Dekans der Rechtswissenschaftlichen Fakultät

Vor dem Hintergrund des rasch voranschreitenden Klimawandels und unter dem Eindruck der Energiekrise hat die Rechtswissenschaftliche Fakultät der Universität Innsbruck sich im Jahr 2022 darauf verständigt, das Thema Nachhaltigkeit stärker in den Fokus von Forschung und Lehre zu rücken. Dabei soll untersucht werden, welchen Beitrag das Recht leisten kann, um das Verhalten der Einzelnen und der Gesellschaft so zu steuern, dass „nicht mehr verbraucht wird, als jeweils nachwachsen, sich regenerieren und künftig wieder bereitgestellt werden kann".[1] Der Bogen soll dabei weit gespannt werden: von der ökologischen über die ökonomische bis zur sozialen Nachhaltigkeit.

In allen Fächern des geltenden Rechts soll die Nachhaltigkeit – aufbauend auf der tradierten Forschung und ergänzt um die Herausforderungen der Digitalisierung – als Zukunftsaufgabe gesehen und wissenschaftlich fundiert an zukunftsorientierten Lösungsansätzen gearbeitet werden.

Zur Erreichung dieses Ziels wurde vereinbart, in den kommenden Jahren wissenschaftliche Konferenzen zu organisieren, die sich dem Thema „Recht und Nachhaltigkeit" in den unterschiedlichen juristischen Fachdisziplinen widmen. Den offiziellen Auftakt bildete die Tagung „Nachhaltigkeit im Spiegel des Rechts" am 24./25. Oktober 2022 an der Universität Innsbruck. Bereits drei Wochen vorher, am 4. Oktober 2022, hatte eine erste Tagung zum Thema „Mobilitätswende – Verkehre unter dem Einfluss von Nachhaltigkeit und Digitalisierung" an der Universität Innsbruck stattgefunden.

Die Ergebnisse der wissenschaftlichen Konferenzen und Tagungen sollen jeweils in einem Sammelband publiziert und damit einer breiten Öffentlichkeit zugänglich gemacht werden. Erscheinen werden diese Sammelbände in einer von der Rechtswissenschaftlichen Fakultät der Universität Innsbruck im Verlag Österreich herausgegebenen neuen Schriftenreihe mit dem Titel „Recht und Nachhaltigkeit". Diese Schriftenreihe, die neben den Konferenz-Sammelbänden auch für weitere herausragende Arbeiten zum Thema offen

1 Definition von Nachhaltigkeit im Duden.

steht, soll einerseits die einschlägigen Forschungsarbeiten an der Rechtswissenschaftlichen Fakultät – zumindest auszugsweise – dokumentieren und andererseits zu einem Referenzpunkt für wissenschaftlich fundierte Informationen zum Thema „Recht und Nachhaltigkeit“ werden.

Als Dekan der Rechtswissenschaftlichen Fakultät bedanke ich mich bei allen Mitgliedern der Fakultät für die konstruktive (Mit-)Arbeit am Zukunftsthema Nachhaltigkeit. Ein besonderer Dank geht an den Verlag Österreich für die Aufnahme der Schriftenreihe in das Verlagsprogramm.

Innsbruck, Februar 2023

Univ.-Prof. Mag. Dr. *Walter Obwexer*
Dekan der Rechtswissenschaftlichen Fakultät

Geleitworte des Vorstands der Abteilung Mobilitätsplanung des Landes Tirol

Die Mobilitätswende ist in den vergangenen Jahren zum geflügelten Begriff geworden. Doch wo stehen wir und wie gelingt diese?

Beginnen wir kurz mit den aktuellen Projekten des Landes:

Das Land Tirol und die Gemeinden haben in den letzten Jahren zahlreiche Maßnahmen gesetzt, die Rahmenbedingungen für die Mobilitätswende vorzubereiten und Anreize zu schaffen, in Tirol sozial verträglich und klimaschonend mobil zu sein. Dazu zählen

- attraktive Jahreskarten (vom KlimaTicket Österreich, dem KlimaTicket für das Land bis zu ermäßigten Tarifen für SeniorInnen und alle unter 26 Jahren)
- ein stark verbessertes Angebot im Öffentlichen Verkehr (sowohl im Zugverkehr als auch im Busbereich und für die letzte Meile)
- Digitalisierung des ÖV – gerade in der Kommunikation mit den Kund:innen
- Radwegförderungen
- breite Förder- und Beratungsinstrumente im Bereich der Mobilitäts- und Verkehrsplanung zur Umsetzung einer nachhaltigen Mobilität

In Summe werden jedes Jahr mehr als 170 Mio Euro alleine aus dem Landesbudget in den Öffentlichen Verkehr und den Ausbau seiner Infrastruktur investiert. Zahlreiche große Infrastrukturvorhaben – der Brennerbasistunnel, die neue Unterinntaltrasse, aber auch regionale Schienenprojekte, wie die Regional- oder die Zillertalbahn – werden in den kommenden Jahren die Möglichkeiten des Angebotes sowohl im Personen- als auch Güterverkehr weiter erhöhen.

Im Radwegebereich schüttet das Land ca 6 Mio Euro/Jahr an Fördermitteln an Gemeinden und Planungsverbände aus.

Trotz dieser großen Erfolge zeigt die Entwicklung der CO_2-Emissionen, dass diese Anstrengungen nicht ausreichen.

Doch woran liegt das? Warum fällt es unserer Gesellschaft so schwer, zukunftsorientierte Maßnahmen zur Sicherung des Lebensstandards der kommenden Generationen zu setzen?

Man kann nicht mehr von Herausforderungen sprechen, die vor uns liegen, sondern bestenfalls von dringlichen Notwendigkeiten, wenn wir die gesetzlichen und vor allem generationsverpflichtenden Ziele erreichen wollen und den sich immer weiter öffnenden Gap zwischen tatsächlicher Entwicklung und Zielerreichung betrachten.

Neben den offensichtlichen Auswirkungen des Klimawandels hat die mit dem Ukrainekrieg ausgelöste Energiekrise die Notwendigkeit deutlich vor Augen geführt, so rasch als möglich aus fossilen Energiequellen auszusteigen und vor allem jede mögliche Kilowattstunde an Energie zu sparen. Es gibt keine überschüssige Energie, insbesondere, wenn wir unser vernetztes Energiesystem betrachten.

Um es auf den Punkt zu bringen: Da wir es im gesellschaftlichen Kontext gesehen verabsäumt haben, in den letzten 20 Jahren grundsätzliche und leichter umsetzbare Vorbereitungen über Anreizsysteme für den notwendigen Wandel in die Wege zu leiten, trifft uns die aktuelle Situation doppelt hart. Eine Mobilitätswende, die in den nächsten 20–30 Jahren den Ausstieg aus der fossilen und energieverschwendenden Welt ermöglicht, wird – insbesondere mit dem Anspruch der sozialen Verträglichkeit und geringstmöglichem Verlust an Qualität – äußerst anspruchsvoll zu erreichen sein.

Ich möchte fünf Ansätze aus der Mobilitätsplanung vorstellen, die zur Erreichung einer Mobilitätswende essentiell sind:

1) Wir verändern die Mobilität unserer Gesellschaft. Daher müssen die soziale Verträglichkeit und soziale Umsetzbarkeit der erforderlichen Maßnahmen sichergestellt sein.
   Kathia Thiel hat einen wesentlichen Satz in ihrem Buch „Autokorrektur“ geprägt: *Jede und jeder sollte das Recht haben, sein Leben ohne ein eigenes Auto führen zu können.*
   Das klingt simpel, wenn man darüber nachdenkt, spiegeln sich darin jedoch nicht nur Nachhaltigkeits- sondern vor allem sozialwissenschaftliche Herausforderungen. Unsere Gesellschaft baut auf eine individuelle motorisierte Mobilität auf. Sie wird vorausgesetzt (besonders im Arbeits-, aber auch im Freizeitbereich). Wenn die Mobilitätswende gelingen soll, dann müssen wir die Voraussetzungen für eine Mobilität schaffen, die allen in unserer Gesellschaft einen Umstieg ermöglicht.
2) Energie sparen! Jede Maßnahme muss nicht nur effektiv im Sinne der Dekarbonisierung, sondern auch energieeffizient sein.
   Der Mobilitätsmasterplan des Bundes zeigt auf, dass die verfügbare nachhaltige Energie trotz vollständiger Dekarbonisierung des Verkehrs die mit dem Pkw gefahrenen Kilometer mit ca 75 % im Vergleich zu heute begrenzt.

Es gilt daher, nicht nur im Bereich der Mobilitätsplanung, sondern umfassend in der Raumordnung, der Produktion, der Bildung, im Handel und im Arbeitsumfeld anzusetzen, um Mobilität und Energie zu sparen.

3) Infrastruktur als Grundlage für eine nachhaltige Mobilität schaffen.
Die vorhandenen und zukünftigen Verkehrsinfrastrukturen beeinflussen und bestimmen unsere Mobilität. Mit dem Bau von Verkehrsinfrastruktur schaffen wir Angebot: Wir müssen zielgerichtet die Infrastruktur ausbauen, die uns bei der Zielerreichung unterstützt – Schiene sowie Rad- und Fußwege.
4) Bleiben wir technologieoffen, achten wir jedoch auf Energie- und Flächeneffizienz!
Es ist immer noch zu früh, sich auf einzelne Systeme, Antriebe etc festzulegen. Die Industrie und Forschung haben noch keine endgültige Entscheidung getroffen, welche Antriebssysteme, welche Mobilitätskonzepte am wirtschaftlichsten und gleichzeitig am energiesparendsten sind. Da wir jedoch zielgerichtet Energie sparen müssen, ist ein Hauptentscheidungsmerkmal die Energieeffizienz des Systems.
5) Nutzen wir digitale Chancen – der richtige Einsatz digitaler Unterstützungssysteme bietet viele Möglichkeiten – bei allen Mobilitätsformen.
Digitale Transformation in der Mobilität kann einen sehr großen Effizienzgewinn bedeuten. Aber auch hier gilt: Energieeffizienz muss an oberster Stelle stehen. Automatisiertes Fahren kann helfen, individuelle Mobilität zu reduzieren. Es könnte aber auch dazu führen, dass wir den Besetzungsgrad (die durchschnittliche Anzahl der Personen in einem Fahrzeug) von derzeit schon niedrigen 1,2 auf bis zu 0,5 senken, wenn uns ein eigenes Fahrzeug ans Ziel bringt und dann wieder leer nach Hause in die Garage fährt.

Wir wissen, wie eine Mobilitätswende sachlich möglich ist, um eine nachhaltige Mobilität für unsere Gesellschaft zu ermöglichen. Es stellt sich abschließend die Frage, warum uns die Umsetzung so schwerfällt.

Eines muss uns klar sein: Ohne eine Änderung des Mobilitätsverhaltens wird sich die erforderliche Wende nicht darstellen lassen. Die Mobilität nach der Mobilitätswende wird anders aussehen (müssen) als wir es gewöhnt sind. Anders – also weder schlechter noch besser. Die junge Generation zeigt uns in vielen Bereichen bereits Lösungen vor: Der Besitz eines eigenen Fahrzeugs wird nicht mehr als Zeichen gesellschaftlichen Wohlstands betrachtet, immer mehr werden andere Aspekte wie sportliche Mobilität, der Wunsch nach Homeoffice, Zeit für sich und für Freunde etc in den Vordergrund gestellt.

Es ist alles vorhanden, um eine moderne und nachhaltige Mobilität für unsere Gesellschaft in einer lebenswerten Zukunft zu erschaffen.

Wir müssen aber heute mit der Umsetzung beginnen.

Abschließend möchte ich mich bedanken, dass sich Wissenschaft und Forschung – insbesondere an der Universität Innsbruck – derart konsequent, sachlich, themenübergreifend und faktenbasiert dem Komplex Klima, Nachhaltigkeit und Energiewende und möglichen Lösungsansätzen nähert und bitten, diese Arbeiten weiter fortzusetzen.

Danke auch der Universität Innsbruck, den Organisator:innen, Vortragenden und Teilnehmenden dieser Tagung. Gerade diese Veranstaltungen helfen, das gegenseitige Verständnis füreinander zu stärken und somit Schritt für Schritt unserem gemeinsamen Ziel näher zu kommen.

DI Mag. *Ekkehard Allinger-Csollich*
Vorstand der Abteilung Mobilitätsplanung des Landes Tirol,
Aufsichtsratsvorsitzender der Verkehrsverbund Tirol GmbH
sowie der Achenseebahn Infrastruktur- und Betriebs-GmbH

Grußworte des Dekans der Rechtswissenschaftlichen Fakultät

Meine sehr geehrten Damen und Herren![1]

Ich darf Sie im Namen der Rechtswissenschaftlichen Fakultät sehr herzlich zu dieser heutigen wissenschaftlichen Konferenz in der Aula der Universität Innsbruck begrüßen und willkommen heißen. Es ist eine Ehre, dass wir an unserer Fakultät diese Tagung ausrichten und namhafte Referentinnen und Referenten als unsere Gäste begrüßen dürfen.

Im Thema „Mobilitätswende“ steckt das Wort „Wende“. Dieses deutet auf eine größere Änderung, vielleicht sogar einen Paradigmenwechsel hin. Bekräftigt wird dies mit dem Untertitel „Verkehr unter dem Einfluss von Nachhaltigkeit und Digitalisierung“.

Die heutige Konferenz behandelt demnach ein Thema, das aus meiner Sicht in mehrfacher Hinsicht von besonderer Relevanz ist.

Erstens für das Land Tirol: Dort hat der Transitverkehr in den letzten Jahren und Jahrzehnten nämlich massiv zugenommen. Inzwischen sind die im Transitabkommen noch als Obergrenze vorgesehenen Lkw-Transitfahren von 1,4 Millionen auf fast 2,5 Millionen angestiegen. Ebenso ist im Transit durch Tirol der Individualverkehr stark angestiegen. Beide Verkehrsarten stellen das Land Tirol vor eine ganze Reihe von Herausforderungen.

Zweitens für die Rechtswissenschaftliche Fakultät: Diese hat sich in der für den Zeitraum von 2022 bis 2024 geltenden Zielvereinbarung mit dem Rektorat dazu verpflichtet, im Bereich der Forschung unter anderem zwei Themen intensiv zu bearbeiten: „Recht und Nachhaltigkeit“ sowie „Recht und Digitalisierung“. Diese Tagung, für die Kollegen *Arno Kahl* und *Arnold Autengruber* verantwortlich zeichnen, umfasst sogar beide dieser Forschungsbereiche, in denen die Fakultät stärker werden will: zum einen das Gebiet „Nachhaltigkeit“ und zum anderen auch „Recht und Digitalisierung“.

Die heutige Tagung ist die erste, die im Rahmen der neuen Schwerpunktsetzung der Fakultät durchgeführt wird. Geplant ist eine ganze Reihe wei-

1 Die Vortragsform wurde beibehalten.

terer Tagungen in den nächsten Jahren. So wird Ende Oktober dieses Jahres eine zweitägige Konferenz zu den Grundlagen der Nachhaltigkeit im Recht stattfinden. Mit diesen wissenschaftlichen Tagungen und Konferenzen möchte die Rechtswissenschaftliche Fakultät zeigen, dass sie sich mit wichtigen Zukunftsthemen intensiv beschäftigen und mit ihrer Forschung an der Bewältigung kommender Herausforderungen führend mitwirken wird. Zur Erreichung dieses Ziels hat die Rechtswissenschaftliche Fakultät vor kurzem vereinbart, die Tagungsergebnisse in einer eigenen Schriftenreihe der Fakultät im Verlag Österreich mit dem vorläufigen Arbeitstitel „Recht und Nachhaltigkeit" zu publizieren.

Die heutige erste wissenschaftliche Tagung fügt sich bestens in das Gesamtkonzept ein. So sind einerseits namhafte Wissenschafterinnen und Wissenschaftler anwesend, die sich interdisziplinär dem Thema Mobilitätswende widmen, andererseits sind aber auch Expertinnen und Experten aus der Praxis zugegen, die die wissenschaftliche Sichtweise unterstützen und ergänzen und damit sinnvolle Synergieeffekte erzeugen.

Vor diesem Hintergrund wünsche ich der Tagung viel Erfolg. Ich hoffe, dass es für die vielen Herausforderungen, vor denen wir ua im Verkehrsbereich stehen, neue und zukunftsweisende Ergebnisse geben wird. Ich wünsche allen einen fruchtbaren wissenschaftlichen Austausch und interessante persönliche Gespräche. Abschließend bedanke mich bei den beiden Veranstaltern ganz herzlich für die Organisation der Tagung und wünsche Ihnen allen einen erfolgreichen und spannenden Tag.

Innsbruck, Februar 2023

Univ.-Prof. Mag. Dr. *Walter Obwexer*
Dekan der Rechtswissenschaftlichen Fakultät

Inhaltsübersicht

Inhaltsverzeichnis

Verzeichnis der Autorinnen und Autoren

Ass.-Prof. MMag. Dr. ***Arnold Autengruber*** forscht und lehrt an der Universität Innsbruck am Institut für Öffentliches Recht, Staats- und Verwaltungslehre. Zudem ist er Rechtsanwalt und Partner bei CHG Czernich Haidlen Gast & Partner Rechtsanwälte, Innsbruck.

Mag. ***Filip Boban*** ist Projektassistent bei Univ.-Prof. Dr. *Arno Kahl* im Rahmen des EFRE K-Regio Urban Charge & Park Forschungsprojekts am Institut für Öffentliches Recht, Staats- und Verwaltungslehre der Universität Innsbruck. Zudem absolviert er ein Verwaltungspraktikum in der Abteilung Verfassungsdienst, Amt der Tiroler Landesregierung.

Dr. ***Günther Gast*****, LL.M.** ist Rechtsanwalt, Partner und Leiter der Praxisgruppe „Öffentliches Wirtschaftsrecht und Vergaberecht" bei CHG Czernich Haidlen Gast & Partner Rechtsanwälte, Innsbruck. Sein Tätigkeitsschwerpunkt liegt insbesondere im Vergaberecht.

Dr.in ***Laura Gleinser*****, LL.M.** ist Rechtsanwältin bei CHG Czernich Haidlen Gast & Partner Rechtsanwälte, Innsbruck. Ihr Tätigkeitsschwerpunkt liegt insbesondere im Vergaberecht.

Severin Götsch**, BSc.** ist Standortleiter bei Tier Mobility Austria GmbH.

MMag. ***Thomas Hillebrand*** ist Projektleiter bei der Innsbrucker Verkehrsbetriebe und Stubaitalbahn GmbH.

Dr. ***Alexander Jug*** ist Geschäftsführer der Verkehrsverbund Tirol GesmbH („VVT").

Univ.-Prof. Dr. ***Arno Kahl*** forscht und lehrt an der Universität Innsbruck und leitet das Institut für Öffentliches Recht, Staats- und Verwaltungslehre. Er lehrt ua am Management Center Innsbruck und der Akademie für Recht, Steuern und Wirtschaft in Wien, an der er wissenschaftlicher Leiter der Vergaberechts Akademie ist.

Dr.[in] *Astrid Karl* ist Beraterin bei der KCW GmbH, Berlin.

Mag. *Ewald Perwög* ist Leiter des Bereichs Sustainable Energy Solutions bei der MPREIS Warenvertriebs GmbH.

DI *Hans-Jürgen Salmhofer* ist Leiter der Abteilung II-1 Mobilitätswende in der Sektion Mobilität im Bundesministerium für Klimaschutz, Umwelt, Energie, Mobilität, Innovation und Technologie (BMK). Darüber hinaus sitzt er im Aufsichtsrat der Schieneninfrastruktur-Dienstleistungsgesellschaft mbH.

Christoph Schaaffkamp ist Geschäftsführer bei der KCW GmbH, Berlin. Zudem ist er Lehrbeauftragter an der TU München.

DI *Helmut Schreiner*, **MBA** ist Vorstand der Zillertaler Verkehrsbetriebe AG und Geschäftsführer der Achenseebahn Infrastruktur- und Betriebs-GmbH.

Niko Stieldorf, **MA** ist Head of Sales and Platform Strategy bei der SWARCO AG, Berlin.

Univ.-Prof. Dr. *Stefan Storr* forscht und lehrt an der Karl-Franzens-Universität Graz. Seine Forschungsschwerpunkte liegen im österreichischen und deutschen Verfassungs- und Verwaltungsrecht, dem Recht der EU und dem Öffentlichen Wirtschaftsrecht, insbesondere Energierecht.

Mag. *Thomas Trattler*, **MBA** ist Geschäftsführer der TINETZ-Tiroler Netze GmbH.

Univ.-Ass. Dr. *Matthias Zußner* ist Universitätsassistent (Post-doc) am Institut für Öffentliches Recht und Politikwissenschaft an der Universität Graz. Sein Tätigkeitsschwerpunkt liegt im österreichischen und europäischen öffentlichen Recht mit einem besonderen Fokus auf Rechtsfragen der Digitalisierung.

Was ist und wie funktioniert „Mikro-ÖV"?

Christoph Schaaffkamp, Astrid Karl

Literaturverzeichnis

Kahl, Der öffentliche Personennahverkehr auf dem Weg zum Wettbewerb (2005); *Karl/ Werner*, Personenbeförderungsgesetz-Novelle 2021 – Kurzbewertung der Ergebnisse aus Umweltsicht, UBA-Texte 82/2022 (2021).

Inhaltsübersicht

I. Ausgangslage

Aktuelle Entwicklungen im öffentlichen Verkehr sind stark geprägt von den wachsenden digitalen Möglichkeiten, sei es bei Tarif, Ticketvertrieb, Fahrgastinformation und Kommunikation oder bei der Verkehrsplanung und Betriebssteuerung. Früher eher unter dem Begriff „alternative Angebote" gefasste Neuerungen, wie Rufbusse oder Anrufsammeltaxis, entwickeln sich rasant weiter.[1] Neue Bezeichnungen wie „Mikro-ÖV" versuchen, diese Weiterentwicklungen der Mobilitätsangebote mit ihren neuen Produktmerkmalen auch begrifflich zu fassen. „Mikro-ÖV" kommt – mit durchaus unterschiedlichen Zielrichtungen – vorwiegend dort zum Einsatz, wo es herkömmlichen ÖV nicht mehr oder noch nicht gibt. Charakteristisch für den „Mikro-ÖV" ist, dass die Angebote nur bei konkreter Nachfrage nach Bedarf verkehren. Die Digitalisierung verändert dabei primär den *Zugang* zur (weiter analogen) Mobilität, indem dieser per App jederzeit und

1 Einen Überblick über die aktuell in Österreich bestehenden Systeme gibt die Website https://www.bedarfsverkehr.at/content/Hauptseite (Stand: 1.2.2023).

https://doi.org/10.33196/9783704691958-101

von überall buchbar ist. Mit dem „Mikro-ÖV" verbunden ist insbesondere die Hoffnung, dass mit ihm die Angebote des öffentlichen Personennah- und Regionalverkehrs (ÖPNRV) attraktiver werden und einfacher zu nutzen und zudem wirtschaftlicher zu erstellen sind. Manche Akteure erwarten vom „Mikro-ÖV" einen erheblichen Beitrag für eine Verkehrs- bzw Mobilitätswende.[2] Am Horizont steht die Erwartung weiterer Optimierungen durch Digitalisierungsschübe wie autonomes Fahren oder weiter integrierte, innerhalb einer App zusammenstellbare Mobilitätsdienstleistungen („Mobility as a Service", „MaaS").

Aufgrund der hohen Kosten erscheint ein kommerzieller, dh aus Fahrgelderlösen – bei Anwendung ÖV-Tarif! – kostendeckender Betrieb von „Mikro-ÖV" unter den gegenwärtigen Bedingungen unrealistisch. Im Regelfall werden diese Verkehrsangebote damit von den zuständigen Behörden bestellt. Hier nicht weiter betrachtet werden dagegen Taxis sowie kommerzielle Fahrdienste, die nicht den im ÖV geltenden gemeinwirtschaftlichen Verpflichtungen, insbesondere bei Tarif und Beförderungspflicht, unterliegen.[3]

Der jüngere rechtliche Rahmen des ÖPNRV in Österreich geht auf zwei Gesetze aus dem Jahr 1999 zurück: das *Bundesgesetz über die Ordnung des öffentlichen Personennah- und Regionalverkehrs* (Öffentlicher Personennah- und Regionalverkehrsgesetz 1999; kurz „ÖPNRV-G"), StF: BGBl I 1999/204, und das *Bundesgesetz über die linienmäßige Beförderung von Personen mit Kraftfahrzeugen* (Kraftfahrliniengesetz; kurz: „KflG"), StF: BGBl I 1999/203. Diese Gesetze konnten zum Zeitpunkt ihres Erlasses nicht voraussehen, was durch die Digitalisierung ermöglicht wird. In der Praxis haben sich zwischenzeitlich die Mobilitätsdienstleistungen deutlich weiterentwickelt, ohne dass der Rechtsrahmen bisher damit Schritt gehalten hätte.[4] Zunehmend werden Angebote, die sich durch digital gestützte Organisation/Disposition und digitale (meist Smartphone-App-gestützte) Buchungsmöglichkeiten für die Nutzenden auszeichnen, Teil des ÖPNRV-Angebotes. Linien- bzw Fahrtwege können so flexibel, entsprechend den tatsächlichen Fahrtwünschen und -kosten, jeweils fallweise festgelegt werden. Dabei kön-

---

2 ZB VCÖ, Mit On-Demand-Mobilität flächendeckend den Öffentlichen Verkehr ergänzen, https://vcoe.at/publikationen/blog/detail/mikro-ov (Stand: 1.2.2023): „[…] können nachfragegesteuerte Angebote nun aktiv dazu beitragen, das **Mobilitätsverhalten hin zum Öffentlichen Verkehr** zu verändern".

3 Gleichwohl kann für diese ebenfalls Regulierungsbedarf mit Blick auf öffentliche Interessen und potenzielle Konkurrenzierung des ÖPNV bestehen; vgl am Beispiel Deutschland umfassend zur Reform *Karl/Werner*, Personenbeförderungsgesetz-Novelle 2021 – Kurzbewertung der Ergebnisse aus Umweltsicht, UBA-Texte 83/2022 (2021), Abschnitt 3.

4 Vgl hierzu im Detail va die Beiträge von *Arno Kahl* und *Arnold Autengruber* in diesem Band.

nen auch neue, differenzierte Tarifmodelle zur Anwendung kommen.[5] Aus der Perspektive der Nutzenden verschmelzen bei diesen Angeboten zunehmend die Grenzen zwischen Linienverkehr und dem sogenannten Gelegenheitsverkehr. „Gelegenheitsverkehr" ist das Gegenstück zu den sich an die Allgemeinheit richtenden Angeboten des öffentlichen Verkehrs (vgl Abbildung 1). Er umfasst Angebote, die sich nach individuellen Bedarfen oder an abgegrenzte Nutzergruppen richten – exemplarisches Beispiel ist das Taxi. Der Gelegenheitsverkehr wird in einem eigenen Gesetz geregelt, dem *Bundesgesetz über die nichtlinienmäßige gewerbsmäßige Beförderung von Personen mit Kraftfahrzeugen* (Gelegenheitsverkehrs-Gesetz 1996; kurz: GelverkG), StF: BGBl 1996/112 (WV).

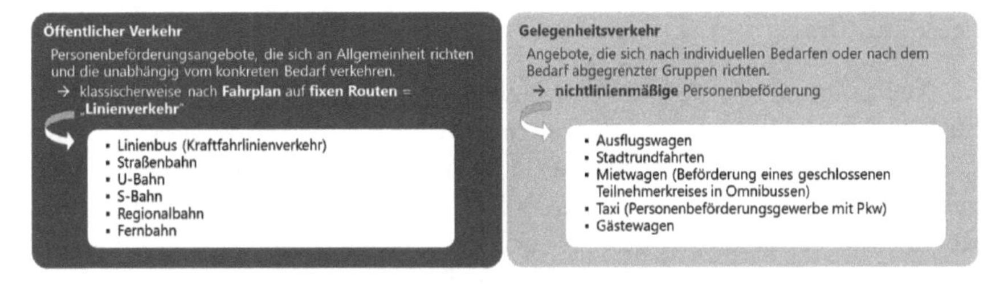

Abbildung 1: Unterscheidung von Linien- und Gelegenheitsverkehr in Österreich (schematisch). Quelle: eigene Darstellung

Hinsichtlich flexibler, bedarfsabhängiger ÖPNRV-Angebote sind die Welten des Linien- und des Gelegenheitsverkehrs derzeit (noch) weitgehend und unsystematisch getrennt: Rufbusse gelten gesetzlich als Kraftfahrlinienverkehre, Anrufsammeltaxis hingegen als Taxiverkehr und damit Gelegenheitsverkehr (vgl Abbildung 2). Beide fallen gemäß des – widersprüchlich formulierten – § 5 Abs 2[6] in den Anwendungsbereich des ÖPNRV-G und können demzufolge von den zuständigen öffentlichen Behörden definiert, organisiert und finanziert („bestellt") werden.

5 Der Mitte September 2022 in Berlin gestartete Bedarfsverkehr „BVG Muva" (vgl https://www.bvg.de/de/verbindungen/bvg-muva [Stand: 1.2.2023]) unterscheidet bei den Komfortzuschlägen (hier: flexible Fahrten) zum Beispiel danach, ob eine Fahrt vom/zum klassischen ÖPNV (dann: pauschaler Zuschlag) oder eine Direktfahrt innerhalb des Bediengebietes (dann: Kilometertarif) stattfindet; vgl VBB-Tarif, Stand ab 1. Oktober 2022, 118.

6 Das ÖPNRV-G verfolgt eigentlich einen (vorbildlich) offenen Ansatz, indem die erfassten öffentlichen Nah- und Regionalverkehre abstrakt als Verkehrsdienste im öffentlichen Schienenpersonenverkehr oder öffentlichen Straßenpersonenverkehr verstanden werden, die den Verkehrsbedarf bestimmter Gebiete bzw Räume befriedigen (vgl §§ 2 und 3 leg cit). Der Wortlaut von § 5 Abs 2 leg cit hingegen produziert unnötige Abgrenzungsprobleme, vgl hierzu va die Beiträge von *Arno Kahl* und *Arnold Autengruber* in diesem Band.

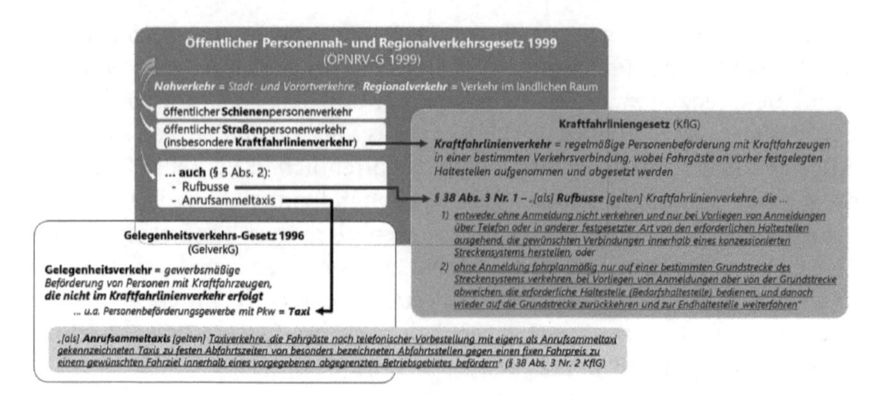

Abbildung 2: Gesetzliche Systematik der bedarfsgesteuerten ÖPNRV-Angebote. Quelle: eigene Darstellung

Nachfolgend werden die Potenziale beleuchtet, die mit der Entwicklung und Einbeziehung von digital vermittelten Mobilitätsangeboten in den ÖPNRV verbunden sind. Hieraus leitet der Beitrag Ansätze zu einer sachgerechten Regulierung des „Mikro-ÖV" ab. Als aktuelles Beispiel für neue Regulierungsansätze dient dabei auch ein Blick auf die Entwicklungen im deutschen Personenbeförderungsgesetz (PBefG).

II. Was ist „Mikro-ÖV"?

Zunächst soll einmal eingegrenzt werden, was für die Zwecke dieses Beitrags unter „Mikro-ÖV" zu verstehen ist. Im deutschen Sprachraum gehen die Angebote mit einer babylonischen Begriffsvielfalt einher, zB:

- den alten Bekannten wie „Anrufsammeltaxi" und „Rufbus" und deren vielfältigen Produktmarken;
- der mehr oder weniger geglückten Nutzung von Anglizismen, die die Neuartigkeit betonen sollen: „On-Demand-Verkehr", „Ridepooling", „Ridesharing", „Shuttle";
- eher beschreibende Wortschöpfungen: „Sammelfahrdienst", „flexible Bedienform", „vollflexibler ÖV", „App-Fahrdienst";
- der durch die Novelle des deutschen Personenbeförderungsgesetzes etablierten neuen Verkehrsform des „Linienbedarfsverkehrs".

Wir verstehen unter „Mikro-ÖV" ausschließlich solche bedarfsgesteuerten Angebote, die aus Sicht der Fahrgäste Teil des ÖPNRV sind. Das heißt, sie weisen aufgrund regulatorischer Vorgaben die zentralen Merkmale des ÖPNRV[7] auf und sind, wo es wie zB in Verkehrsverbünden integrierte Ver-

7 Die Merkmale des ÖPNRV ergeben sich aus gesetzlichen Festlegungen sowie aus ge-

kehrsangebote gibt, integraler Bestandteil dieses „Verbundangebotes“: Für jegliche Angebote besteht zunächst die Pflicht zur Beförderung aller Personen, zur unterschiedslosen Anwendung des veröffentlichten Tarifs und zur Durchführung der öffentlich angebotenen Fahrten. Darüber hinaus sind (Verkehrsverbund-)Tarife des ÖPNRV unmittelbar oder mit einem produktbezogenen Zuschlag anzuwenden. Weitere Anforderungen betreffen ausreichende Kapazitäten, die Gewährleistung von Barrierefreiheit oder technologische Standards wie zB emissionsfreie Antriebe. In anderen Worten, die Regulierung des „Mikro-ÖV“ sollte konsistent mit der des sonstigen ÖPNRV ausgestaltet sein.

Vom „Mikro-ÖV“ abzugrenzen sind die nachfolgenden Angebote. Auch wenn sie auf den ersten Blick oder von der Produktionsweise im Übrigen weitgehende Ähnlichkeit aufweisen, unterliegen sie nicht den mit der Integration in den ÖV verbundenen Regulierungen:

- nicht kommerzielle private Mitnahme, auch wenn dafür digitale Infrastruktur besteht (zB Vermittlungs-App);
- kommerziell vermittelte private Mitnahme;
- exklusive Mobilitätsdienstleistungen wie das klassische Taxi oder der klassische (Pkw-)Mietwagen[8] (Fahrt inklusive ChauffeurIn), auch wenn diese über eine App-basierte Plattform vermittelt werden. Anders als der öffentliche Verkehr stehen diese exklusiv der Person zur Verfügung, die gebucht hat.
- App-basiert gemeinsam vermittelte/bestellte Taxis oder Mietwagen;
- kommerzielle Mobilitätsdienstleistungen, die die Bündelung von unabhängigen Fahrtwünschen in der gleichen Fahrt zulassen (kommerzieller gebündelter Fahrdienst; zB „UberX Share“ – vormals „Uber Pool“ – in den USA).

Auf der anderen Seite bildet der reguläre Linienverkehr die Grenze des „Mikro-ÖV“. Sobald Fahrtenangebote auf Linien nach veröffentlichten Fahrplänen durchgeführt werden, handelt es sich nicht mehr um „Mikro-ÖV“, auch wenn die gleichen (kleinen) für den „Mikro-ÖV“ als Gelegenheitsverkehr im Rechtssinne konzessionierten Fahrzeuge dafür verwendet werden.

Angebote des „Mikro-ÖV“ gibt es – wie auch die bisherigen alternativen Bedienformen – in unterschiedlichen Ausprägungen. Charakteristisch ist, dass diese Verkehrsangebote nur nach vorheriger Buchung durch Fahrgäste verkehren.

meinwohlorientierten Vorgaben der auf Grundlage des ÖPNRV-G tätig werdenden zuständigen Behörden, die die entsprechenden Verkehrsdienste bestellen.

8 In Österreich bis zur Reform des GelverkG 2020 (BGBl I 2020/24); seitdem sind Taxi und Mietwagen vereinheitlicht als „Personenbeförderungsgewerbe mit Pkw – Taxi“.

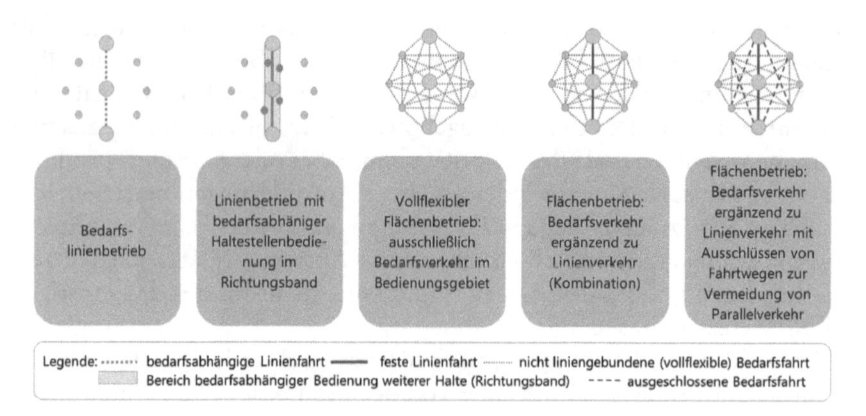

Abbildung 3: Typische bedarfsabhängige Betriebsformen im ÖPNRV. Quelle: eigene Darstellung

Das Spektrum der möglichen Betriebsformen (siehe Typisierung in Abbildung 3) reicht dabei von „klassischen Linienfahrten", die lediglich ganz oder abschnittsweise nur auf vorherige Anmeldung verkehren („Bedarfslinienbetrieb"), über die Bedienung bestimmter Halte abseits der direkten Route nur bei Bedarf („Richtungsbandbetrieb") zur flächenhaften Bedienung zwischen „virtuellen Haltestellen"[9] („Flächenbetrieb") innerhalb eines definierten Gebiets bis hin zu einer „Haustürbedienung". Verbreitet findet sich eine Kombination mit Linienverkehr, der dann exklusiv Relationen mit größerer Nachfrage bedient. Ebenfalls anzutreffen sind Beschränkungen der zugelassenen Fahrtwünsche, zB werden Parallelfahrten zu Linienverkehren oder längere Reisewege zugunsten von Fahrten mit Umstieg in Linienverkehre ausgeschlossen. Die Buchung der Fahrten erfolgt dabei über Apps, Websites, Call-Center oder die Leitstelle eines Betreibers.[10]

III. Auswirkungen des Designs von Angeboten des „Mikro-ÖV"

Das Design von Angeboten im „Mikro-ÖV" ist angesichts der neuen Vielfalt der (digitalen) Möglichkeiten eine planerische und konzeptionelle Heraus-

9 Per App definierte Haltepunkte ohne Haltestelleninfrastruktur.

10 Somit zeigen sich deutliche Unterschiede zum immer noch bestehenden gesetzlichen Konzept des § 38 Abs 3 KflG (vgl Abbildung 2) beim Rufbus: Vorbestellung telefonisch oder in anderer festgesetzter Art, Haltestellenpflicht, Bedienung der konzessionierten Strecke(n) oder von Bedarfshaltestellen abseits der Grundstrecke bei Bedarf; beim Anrufsammeltaxi: Kennzeichnung von Taxis als Anrufsammeltaxi, besonders gekennzeichnete Abfahrtsstellen, feste Abfahrtszeiten, Vorbestellung telefonisch.

forderung für die Besteller des ÖPNRV. Abzuwägen sind einerseits insbesondere die Arbeitsteilung zwischen Linienverkehr und „Mikro-ÖV“, andererseits die gewünschte Qualität der neuen bzw klassische Linienverkehre ersetzenden Angebote.

Die Bandbreite der Angebote ist dabei nicht nur bei den Typen des Angebotes groß. Je nach Angebotsumfang, Bedienzeiten, Größe des Bediengebietes, Beschränkungen bei Buchungs- und Dispositionszeiten (um Fahrtwünsche mehrerer Fahrgäste zu bündeln), Begrenzung der Fahrtwünsche auf Zubringerfahrten zum klassischen Linienverkehr, die konkreten Anforderungen zB an die Umsetzung von Barrierefreiheit oder technische Anforderungen an die Fahrzeuge und deren Antriebe können sich die Attraktivität und die Kosten des Angebotes massiv unterscheiden. Am niedrigsten fallen die Kosten bei tageweise ehrenamtlich (bedarfsabhängig) gefahrenen „Bürger:innen-Bussen“ an, am höchsten liegen sie bei rund um die Uhr verfügbaren Angeboten ohne Einschränkung der Fahrtwünsche in einem definierten Bediengebiet. Letztere stellen faktisch ein Taxi-Angebot zum (Verkehrsverbund-)Tarif des ÖPNRV dar. Maßgebliche Kostentreiber der Angebote sind vor allem die Vorhaltekosten für Personal und Fahrzeug für die abrufbaren Angebote sowie die vorgehaltenen Hintergrundsysteme und Software. Die spezifischen Kosten je Fahrgastkilometer sind somit im Vergleich zum Linienverkehr hoch. Dies gilt umso stärker, je mehr Ressourcen (Fahrzeuge und Personal) für die gleiche Beförderungsleistung vorgehalten werden müssen. Bei geringer Inanspruchnahme können die absoluten Kosten gleichwohl niedriger sein als die eines sehr gering genutzten Linienverkehrsangebotes. Bei stärkerer Nachfrage kehrt sich dieses Verhältnis jedoch um.

In der Praxis finden sich viele Produkte zwischen den hier beschriebenen Ausprägungen. Entscheidend für die jeweilige Eignung sind im konkreten Anwendungsfall die Struktur des Bediengebietes und die mit dem „Mikro-ÖV“ verfolgte Zielstellung. Regelmäßig kann dieser die Mobilität von Personen ohne eigenes Auto verbessern.

Relevante Verlagerungen weg vom privaten Auto setzen dagegen voraus, dass die gesamte Alltagsmobilität ohne dieses bewältigt werden kann. Hierfür ist wichtigste Voraussetzung die Erreichbarkeit aller wesentlichen Ziele mit dem ÖV, meist erfordert dies zuallererst das Vorhandensein eines konsistenten, in dichtem Takt und mit attraktiver Qualität bedienten Netzes im Linienverkehr.[11]

11 Wo diese Voraussetzung nicht gegeben ist, sind regelmäßig die Chancen, mit einem gegebenen, begrenzten Budget eine Verkehrsverlagerung zu bewirken, durch den Ausbau des Linienverkehrs auf den wesentlichen Relationen wesentlich größer, bei deutlich besserem Kosten-Nutzen-Verhältnis.

Kosten des Angebots	Mobilität Bürger/innen	Qualität für Fahrgäste
niedrig	mittel	hoch
Standard-Pkw/Kleinbusse	Taxen/Großtaxen	barrierefreie (Klein-/Midi-) Busse mit vollwertiger ÖV-Ausstattung
Begrenzung Fahrtmöglichkeiten auf Kapazität (Reservierungspflicht)		keine Begrenzung, Einsatz zusätzlicher Fahrzeuge bei entsprechender Nachfrage („Mobilitätsgarantie")
großer Dispositionsspielraum zur Fahrtwunschbündelung		Bündelung nur bei Übereinstimmung Fahrtrichtung und –zeit
Umwegfahrten zur Fahrtwunsch-bündelung in großem Umfang		begrenzte Umwegfahrten im Interesse direkter Beförderung
Abfahrt/Ziel nur definierte Haltestellen		Haustürbedienung überall
kleine Bediengebiete um zentrale Orte/Bahnhöfe/Busknotenpunkte	Größe Bediengebiete, darin alle Strecken, soweit nicht parallel zum ÖPNRV	gesamtes Gebiet des Aufgabenträgers ein Bediengebiet, alle denkbaren Wege
Eingeschränktes Sortiment mit Zuschlag	ÖPNRV-Tarif mit Zuschlag, mindestens für Zeitkarten	ÖPNRV-Tarifsortiment uneingeschränkt ohne Zuschlag gültig
lange Voranmeldezeit/Betriebszeiten		kurze Voranmeldung 24/7
Bürgerbusse mit ehrenamtlichen Fahrer:innen	Taxiunternehmen als Betreiber, konventionelle Taxen als Fzge.	Vollintegration (u.a. Service-Standards) in ÖPNRV
einzelne Bedientage je Monat	ein Werktag/Woche täglich 8h	täglich 24/7

Abbildung 4: Beispielhafte Darstellung wesentlicher Qualitätsmerkmale und deren Kostenauswirkungen im „Mikro-ÖV". Quelle: eigene Darstellung

Die möglichen verkehrlichen Effekte des „Mikro-ÖV", dh welche Zielgruppen zu welchen finanziellen Kosten und mit welchem ökologischen Effekt[12] erreicht werden können, unterscheiden sich dabei nach dem Einsatzgebiet:

- in räumlich oder zeitlich bisher nicht mit dem ÖPNRV erschlossenen Gebieten oder als Ergänzung in mit ÖPNRV unterversorgten Gebieten oder Relationen erhöht er die Erreichbarkeit und Verfügbarkeit des ÖPRNV, vorrangig für sonst nicht mobile Personen; die spezifischen Kosten je Personenkilometer sind dabei hoch, das Verlagerungspotenzial und der ökologische Effekt eher gering;
- als Zubringerverkehr („Feeder") in dichter besiedelten Räumen kann er je nach Siedlungsstruktur für die „letzte Meile" eine Lösung darstellen, während bei stärkeren Verkehrsströmen Kosten, Flächenverfügbarkeit und Praktikabilität kritisch zu prüfen sind; die spezifischen Kosten sind bei relativ geringen Verlagerungspotenzialen hoch,[13] die ökologischen Ef-

12 Gegenüber dem privaten Auto ist der ökologische Effekt des Mikro-ÖV (oder ähnlichen Fahrdiensten) nicht automatisch positiv. Maßgeblich ist die Systemeffizienz der Fahrleistung (Personenkilometer [gebucht]/Fahrzeugkilometer [gefahren]). Aufgrund der insbesondere bei flächenhaften Bedarfsverkehren erforderlichen Anfahrt zum nächsten Fahrgast und eventueller bündelungsbedingte Umwege ist dieser Effekt insbesondere dann negativ, wenn keine signifikante Bündelung von Fahrtwünschen gelingt und zudem der Fahrzeugbestand im Wesentlichen unverändert bleibt (also das Angebot nicht dazu führt, dass Privat-Pkw abgeschafft werden). Kontraproduktiv ist auch die Verlagerung weg von Fahrten im Linienverkehr oder gar weg vom Aktivverkehr hin zum „Mikro-ÖV".

13 Die Kosten übersteigen tendenziell dann die Kosten des Linienverkehrs, sobald auf-

fekte können im Vergleich zu Linienverkehren und gegenüber dem privaten Autoverkehr sogar ins Negative tendieren;
- in urbanen Regionen sind aufgrund der dem „Mikro-ÖV" fehlenden Massenleistungsfähigkeit die verkehrlichen und ökologischen Effekte als kontraproduktiv einzuschätzen, insbesondere soweit eine Parallelbedienung zum Linienverkehr nicht ausgeschlossen wird.

Dabei steht die aus ökologischer (und auch finanzieller) Sicht gewünschte Bündelung von Fahrten in einem Spannungsverhältnis zum Komfort – sie erfordert insbesondere längere Voranmeldezeiten, mehr Dispositionszeiten (Abfahrtszeit, Umwege) und eine konsequente Ausrichtung der Angebote als Zu- und Abbringer und ist damit deutlich weniger komfortabel als ein taxiähnliches, vollflexibles Angebot mit entsprechend geringeren Besetzungsgraden.

In der Praxis zeigt sich allerdings zudem, dass die Anmeldepflicht im „Mikro-ÖV" ein relevantes Nutzungshindernis für die Fahrgäste darstellen kann. In der Schweiz werden inzwischen Zubringerverkehre für die letzte Meile verbreitet (wieder) als feste Linienverkehre angeboten. Maßgeblich sind nach Aussagen von Fachleuten neben der geringeren Attraktivität wegen der Notwendigkeit der Vorbuchung auch die hohen Kosten. Der Schwerpunkt für den Mikro-ÖV wird in der Schweiz in sehr dünn besiedelten Regionen (< 100 Einwohner/km^2) gesehen. Angebote im Mikro-ÖV wurden nach Erreichen einer Mindestnachfrage von regulären Fahrplanangeboten abgelöst.[14] Im österreichischen Bundesland Vorarlberg berichtet ein zuständiger Aufgabenträger von deutlich höherer Nachfrage in festen Linienverkehren gegenüber voranmeldungsbedürftigen Angeboten.[15]

Entsprechend bedürfen die Abwägungen, wo und mit welchem Konzept „Mikro-ÖV" von den zuständigen Behörden bestellt wird, großer Sorgfalt.

IV. Regulierung des „Mikro-ÖV"

A. Regulierungsbedarf

Um die Potenziale des „Mikro-ÖV" nutzen zu können, muss die Regulierung des öffentlichen Verkehrs die Besonderheiten des „Mikro-ÖV" in der Gewerberegulierung, in den Befugnissen der zuständigen Behörden und im ÖV-spezifischen Vergabe- und Umweltrecht abbilden.

---

grund der Nachfrage mehrere Fahrzeuge gleichzeitig eingesetzt werden müssen (Kostentreiber: Fahrpersonal).

14 Vgl beispielhaft die Beschreibung durch die Postauto AG als dem wichtigsten Anbieter von Mikro-ÖV in der Schweiz: https://www.postauto.ch/de/rufbus (Stand: 1.2.2023).

15 Expertenauskunft *M. Stabodin*, Landbus Unterland, Dornbirn.

	Regulierungsziele	Ansätze
Bund: Gewerbe-Regulierung	**Typenregulierung**	Definition und angemessene Regulierung Angebotsformen, Rolle von „Vermittler"/Disponent der Fahrtwünsche
Gewerbereg. / Bund: Vergabe-, UmweltR	Abstimmung mit und **Integration** in **ÖV**-Angebot; Daten	Vorgaben zu Daten; Angebotskoordination, Tarif, Buchung/Ticketing, Information; technische Standards, z.B. Mitnahme Rollstühle/ Fahrräder/Kinderwagen usw.); Verlässlichkeit und Kapazität
	Technische **Standards**	Vorgaben zu Antriebstechnologie, Barrierefreiheit
Befugnisse Länder, Gemeinden	**Durchsetzbarkeit** Ziele/ Regeln auf lokaler Ebene	Bestellkompetenz; Monitoring, Evaluation, Sanktionen und Nachsteuerungsrechte; Daten
	Zusätzliche Regulierung für kommerzielle Anbieter von „Mikro-ÖV"-Angeboten	
Befugnisse Länder, Gemeinden	**Konkurrenz zum Umweltverbund** (ÖV, Aktivverkehr)	Planung und Zulassung grundsätzlich begrenzt/begrenzbar auf „letzte Meile"; Ausschluss von Parallelverkehren, Ausrichtung auf Sammelfahrten
Befugnisse	Vermeidung **Konflikte im öffentlichen Raum**	Möglichkeit der Regulierung: Begrenzuung Haltemöglichkeiten in Straßenraum, Kontingentierung Fahrzeuganzahl, Beschränkung Bediengebiet/-zeiten
Befugnisse	**Beförderungseffizienz**	Vorgabe, Monitoring betrieblicher Nachhaltigkeitsanforderungen, z.B. Bündelungsgrad, Begrenzung Leerleistung

Abbildung 5: Regulierungsziele und Ansätze für eine effektive Regulierung des „Mikro-ÖV". Quelle: eigene Darstellung

- Im Gewerberecht (in Österreich: KflG, GelverkG) ist eine klare Typenregulierung für den „Mikro-ÖV" über den hergebrachten Kanon aus Anrufsammeltaxi und Rufbus hinaus sowie eine eindeutige Abgrenzung gegenüber (kommerziellen) Typen des Gelegenheitsverkehrs erforderlich. Dabei sind sowohl die Angebotsformen als auch neu zu definierende Rollen (zB der Vermittler/Disponent von Fahrtwünschen in Abgrenzung zum Fahrten durchführenden Unternehmen) zu bestimmen. Idealerweise lässt die Regulierung des „Mikro-ÖV" alle in den ÖPNRV integrierten Angebotsformen mit maximaler Flexibilität zu, soweit die konstitutiven Merkmale der Integration in den ÖPNRV[16] gegeben sind. Zu regeln ist auch das Verhältnis zwischen bestellten und kommerziellen Angeboten.[17] Hierbei ist ein Vorrang bestellter, in den ÖV integrierter Angebote grundsätzlich sachgerecht.[18] Die zuständigen Behörden müssen dabei in

16 Vgl oben Abschnitt II., 2. Absatz.

17 Offen ist, ob angesichts der hohen Kosten in den ÖPNRV auch tariflich integrierte Angebote des „Mikro-ÖV" ökonomisch als kommerzielles Angebot („eigenwirtschaftlich") darstellbar sind – die Praxis in Deutschland seit der Novellierung des PBefG scheint darauf zu deuten, dass dies (ohne Einsatz von Risikokapital!) eher unwahrscheinlich ist, völlig ausgeschlossen ist es allerdings nicht.

18 Alternativ ist denkbar, kommerzielle Angebote zuzulassen, wenn sie ohne öffentliche Mitfinanzierung auskommen und gleichwohl die Erfüllung von vorab bekanntgemachten gemeinwirtschaftlichen Verpflichtungen verbindlich zusichern (insbesondere die Integration in den ÖV, technische Standards und die Verfügbarkeit des Angebotes). Mit Blick auf die Beförderungseffizienz sowie den Schutz von Stadtraum, Klima und vor sonstigen negativen Umweltauswirkungen bedürfen die Gebietskörperschaften praktikabler und effektiver Instrumente zur Regulierung solcher kommerziellen Angebote.

der Lage sein, Vorgaben zu machen, um die ökologische und verkehrliche Sinnhaftigkeit zu gewährleisten und eine Konkurrenzierung des ÖPNRV durch kommerzielle Angebote zu vermeiden. Umgekehrt sollten übermäßige Regulierungen, zB die Beschränkung des Fahrzeugeinsatzes auf nur eine Verkehrsform, möglichst vermieden werden.

- Die Bestellkompetenz für Angebote des „Mikro-ÖV“ sollte entsprechend derjenigen für den ÖPNRV im Übrigen geregelt werden.[19] Neben der Befugnis zur Bestellung umfasst sie die Angebotskonzeption, die Festlegung des Tarifs, der Bedingungen der Buchung, des Ticketing, der Information und Kommunikation mit der Kundschaft sowie die Festlegung von betrieblichen Standards (zB Mitnahmemöglichkeit Rollstühle, Rollatoren, Gepäck usw) sowie von Kapazität und Verfügbarkeit/Verlässlichkeit.
- Die Rollen der unterschiedlichen, zT neuen Akteure sollten dabei eindeutig geklärt werden. Dieses betrifft insbesondere die Frage, nach welchen Maßstäben der „Vermittler“, der die Fahrten disponiert, oder der Betreiber, der die Fahrten durchführt, konzessionsbedürftige Unternehmer im Sinne des KflG sind.
- Im Rahmen der vergabe- und umweltrechtlichen Regulierung können technische Standards festgelegt werden, zB zur Antriebstechnologie oder zur konkreten Umsetzung von Barrierefreiheit. Wichtig ist die Klärung der Adressaten der Regulierung (Besteller und/oder Betreiber[20]) jeweils für die im Gewerbe- bzw ÖPNRV-Recht regulierten Typen.

B. Aktuelle Regulierung in Deutschland

Mit der Frage nach der Neugestaltung der Regulierung angesichts der Entwicklungen im „Mikro-ÖV“ befassen sich auch die Nachbarländer Österreichs. Während in der Schweiz die Entwicklung der Regulierung noch offen ist, hat der deutsche Gesetzgeber jüngst den Rechtsrahmen ua zugunsten

Das heißt, sie müssen im Falle von (drohenden) Konflikten im öffentlichen Raum und zur Vermeidung der Konkurrenzierung des vorhandenen Linienverkehrs Haltemöglichkeiten im Straßenraum, Bediengebiete und -zeiten beschränken sowie Fahrzeuganzahlen festlegen können. Im Interesse der Beförderungseffizienz müssen sie den Vermittlern und Betreibern Mindest-Bündelungsgrade von Fahrtwünschen und maximale Leerleistungsanteile vorgeben können. Die zuständigen Behörden müssen in der Lage sein, das Monitoring und die Evaluation der Beförderungseffizienz mit den von den Betreibern zur Verfügung zu stellenden Daten durchzuführen und entsprechend den Anforderungen an das Angebot nachzusteuern.

19 Es könnte sich anbieten, im gleichen Zuge die derzeit nicht widerspruchsfreien Regelungen zur Aufgabenträgerschaft eindeutig zu fassen und zu modernisieren; vgl zur Kritik ausführlich *Kahl*, Der öffentliche Personennahverkehr auf dem Weg zum Wettbewerb (2005) 461 ff.

20 ZB in Bezug auf die Vorschriften des Straßenfahrzeugbeschaffungsgesetzes.

einer bestimmten Form des „Mikro-ÖV“, nämlich des vollflexiblen Bedarfsverkehrs zur flächenhaften Erschließung eines Bediengebietes novelliert.[21] Diese Form des „Mikro-ÖV“ ist nun als eigenständige Verkehrsform in § 44 PBefG als „Linienbedarfsverkehr“ geregelt.

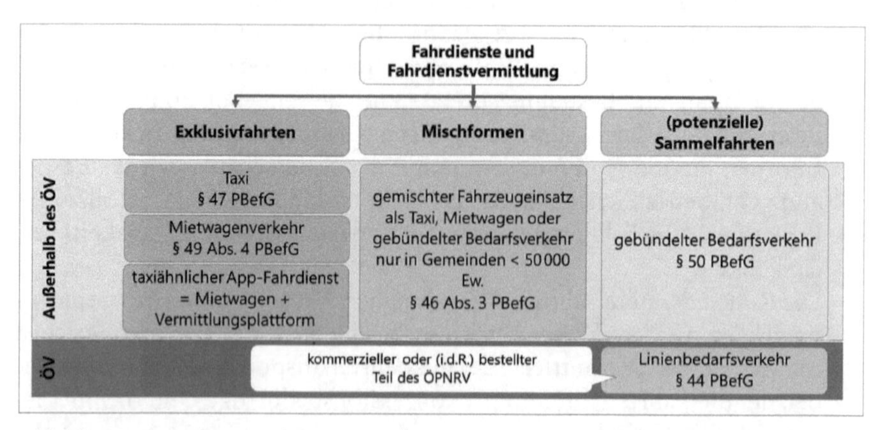

Abbildung 6: Regulierung des „Mikro-ÖV“ und anderer Fahrdienste im deutschen Verkehrsgewerberecht (Personenbeförderungsgesetz – PBefG). Quelle: eigene Darstellung

Beim „Linienbedarfsverkehr“ handelt es sich um Angebote, die auf vorherige Bestellung, ohne festen Linienweg, mit bestimmten Ein- und Ausstiegshaltestellen in einem festgelegten Gebiet zum ÖV-Tarif verkehrt, wobei ein Tarifzuschlag möglich ist. Hingegen fallen gegenüber dem klassischen Linienverkehr die Pflicht zu Fahrplänen mit Linienweg, Ausgangs- und Endpunkt, Haltestellen und Fahrzeiten sowie zum Fahrplanaushang an Haltestellen weg.

Neben dem weiter bestehenden Taxi- und Mietwagenverkehr wurde mit dem „gebündelten Bedarfsverkehr“ (§ 50 PBefG) eine weitere Kategorie neu eingeführt. Hier handelt es sich um das kommerzielle Pendant zum Linienbedarfsverkehr: Der gebündelte Bedarfsverkehr bietet Fahrten auf vorherige Bestellung, ohne festen Linienweg in einem festgelegten Gebiet an, bei denen weitere Fahrgäste mitgenommen werden können. Zum Schutz öffentlicher Interessen ist ein Mindesttarif mit Abstand zum ÖV-Tarif festzulegen. Die zuständigen Behörden haben eine Mindestbündelungsquote der Fahrtwünsche und deren Monitoring vorzugeben; weiter möglich sind die Vorgabe von Höchsttarifen, die Festlegung räumlicher oder zeitlicher Bedienbeschränkungen, Vorgaben zur Barrierefreiheit der Fahrzeuge oder zur Emissionsfreiheit der Antriebe, Vorgaben zu Sozialstandards oder die

21 Vgl umfassend zur Reform *Karl/Werner*, Personenbeförderungsgesetz-Novelle 2021 – Kurzbewertung der Ergebnisse aus Umweltsicht, UBA-Texte 83/2022 (2021).

Festlegung (wie bei der deutschen Mietwagenregulierung) einer Rückkehrpflicht der Fahrzeuge zum Betriebssitz. Diese Regulierung zielt vor allem auf kommerzielle Fahrdienste in den größeren Städten. Die Praxis zeigt allerdings, dass diese Verkehrsform kommerziell offensichtlich nicht interessant ist, denn bisher – die Novellierung trat im August 2021 in Kraft – gibt es, soweit ersichtlich, keinen Anbieter des in § 50 leg cit geregelten Verkehrs.

In kleinen Städten (< 50.000 Einwohner) kann der gemischte Einsatz von Fahrzeugen für Exklusiv- und Sammelfahrten zugelassen werden.

V. Fazit und Empfehlung

Dank der Digitalisierung ermöglicht der „Mikro-ÖV" eine maßgeschneiderte Flexibilisierung des ÖV, sodass bisher mit dem ÖPNRV nicht oder unterversorgte Gebiete und Zeiten auf der ÖV-Landkarte auftauchen können. Dieses bietet Lösungen für schwache Verkehrsströme, auch wenn klar ist, dass der „Mikro-ÖV" nach Einschätzung der Verfasser nicht maßgeblicher Treiber der Mobilitätswende sein kann.

Soziale Effekte	Herstellung oder Verbesserung der Mobilität für Personen, die sonst keinen Zugang zum ÖV haben
Kosten	Je freizügiger und flexibler die Nutzung, desto höher die spezifischen Kosten; auch die absoluten Kosten können die des Linienverkehrs – deutlich! – übersteigen; bei größerer Nachfrage i.d.R. teurer als Linienverkehr.
Verlagerungswirkung IV → ÖV	Verlagerungswirkung generell eher gering; Vorbestellung kann Nutzungshindernis sein, das zu geringerer Verlagerung als Linienverkehr mit gleichen Kosten führt
Ökologischer Nutzen	Je taxiähnlicher, desto geringer der ökologische Nutzen – bei geringer Fahrtenbündelung sogar negativer Saldo gegenüber Privat-Pkw.

Abbildung 7: Überblick über zentrale Elemente von Kosten und Nutzen des „Mikro-ÖV". Quelle: eigene Darstellung

Der größte Mehrwert der neuen Angebotsformen liegen vor allem in den Regionen und Zeiten mit geringen Nachfragepotenzialen. Bei größerer Inanspruchnahme der Angebote wird schnell der Punkt erreicht, ab dem Linienverkehre attraktiver und vor allem wirtschaftlicher zu betreiben sind. Während der soziale Nutzen des „Mikro-ÖV" unstreitig ist, sind die Angebote selbst gegenüber dem privaten Auto ökologisch nur dann vorteilhaft, wenn eine erhebliche Bündelung von Fahrten gelingt.

Die bestmögliche Systemkonfiguration kann dabei jeweils nur in Abhängigkeit von der Situation im Einzelfall festgelegt werden. Dabei ist zu beachten, dass aufgrund der Systemkosten (Software, Disposition) nicht unerhebliche Skaleneffekte auftreten können, weshalb eine professionelle, größerräumige Konzeption und Umsetzung des „Mikro-ÖV" vorteilhaft sein kann.

Der Regulierungsrahmen bedarf dringend einer Aktualisierung. Er sollte so angepasst werden, dass er die Möglichkeit zur Nutzung der Potenziale des „Mikro-ÖV" umfassend eröffnet. In Österreich wäre insoweit eine konsistente Neufassung der Regelungen im ÖPNRV-G, KflG und GelverkG sowie der Kompetenzfestlegungen im ÖPRNV-G wünschenswert. Dies umfasst sowohl die dargestellte Anpassung des Rechtsrahmens an die aktuell verfügbaren, flexiblen Gestaltungsmöglichkeiten von Angeboten im „Mikro-ÖV" als auch die seit über zwanzig Jahren überfällige Klärung bzw Klarstellung der Zuständigkeiten von Bund, Ländern, Gemeinden und Verkehrsverbundorganisationsgesellschaften einerseits sowie den Betreibern andererseits.

Mikro-ÖV im aktuellen verkehrsgewerberechtlichen Rahmen und Anpassungsbedarf

Arno Kahl

Literaturverzeichnis

Baumeister/Berschin, Die Integration und Steuerung von On-Demand-Mobility (ODM) in das Personenbeförderungsgesetz, Verkehr und Technik 2020, 287; *Baumeister/Fiedler*, Atypische Liniengenehmigungen gemäß dem Personenbeförderungsgesetz für digital gesteuerte On-Demand-Verkehre in Städten und Ballungsräumen, Verkehr und Technik 2019, 17; *Drechsler/Litterst*, Braucht die Verkehrswende eine neue Dogmatik von Gemeingebrauch und Sondernutzung? DÖV 2022, 738; *Eickelmann*, § 33 Öffentlicher Verkehr, Multimodalität und Klimaschutz, in Rodi (Hrsg), Handbuch Klimaschutzrecht (2022) 693; *Grün/Sitsen/Stachurski*, Der „gebündelte Bedarfsverkehr", Der Nahverkehr 7–8/2021, 54; *Kahl*, Der öffentliche Personennahverkehr auf dem Weg zum Wettbewerb (2005); *Kahl/Weber*, Allgemeines Verwaltungsrecht[7] (2019); *Knauff*, Modernisierung des ÖPNV-Rechts (auch) zur Förderung der Verkehrswende, Die Verwaltung 2020, 347; *Saxinger*, Der Linienbedarfsverkehr als neue Form des Linienverkehrs nach der PBefG-Novelle 2021, GewArch 2022, 183; *Somereder/Grundtner*, Kraftfahrliniengesetz & Gelegenheitsverkehrsgesetz (2004) § 17 KflG.

Inhaltsübersicht

https://doi.org/10.33196/9783704691958-102

I. Ziel der Untersuchung und Untersuchungsgegenstand

Christoph Schaaffkamp hat uns im ersten Referat unserer Tagung (kritisch) vor Augen geführt, was Mikro-ÖV ist und wie er funktionieren kann. Er hat dabei wertvolle Systematisierungs- und Begriffsarbeit geleistet und uns unter anderem – auch mit grenzüberschreitendem Blick – gezeigt, was in der Praxis heute als Bedarfsverkehr schon etabliert ist.

Dieser zweite Beitrag[1] hat den aktuellen österreichischen Rechtsrahmen für Mikro-ÖV zum Gegenstand und untersucht, ob bzw bei welchem Verständnis der einschlägigen rechtlichen Grundlagen Mikro-ÖV-Leistungen bestellt werden können. In der Folge werden also jene Bestimmungen untersucht, die Mikro-ÖV (verkehrs-)gewerberechtlich determinieren, seine Bestellung und Finanzierung regeln, seine Effektuierung ermöglichen oder dieser auch entgegenstehen. Dabei zeigt das geltende Recht, dass der Gesetzgeber „alternative Betriebsformen“ (so § 5 Abs 2 ÖPNRV-G[2]) zwar durchaus mitdenkt, dies jedoch in bei weitem nicht ausreichendem Ausmaß und vor allem nicht systematisch, sodass an mehreren Stellen nicht unerhebliche Auslegungsschwierigkeiten bestehen.

Auch in Österreich nehmen seit einiger Zeit immer mehr Bedarfsverkehre den Betrieb auf. So gibt es in 721 Gemeinden 263 entsprechende Angebote. Insbesondere in den vergangenen drei bis vier Jahren ist ein regelrechter Boom an neuen Bedarfsverkehren auszumachen. Zum Einsatz kommen die neuen Angebote vor allem als Zubringer zu ÖV-Diensten, als Transport zB von Einkäufen, als Schlechtwetteralternative oder auch als Entlastung von Hol- und Bringdiensten.[3] Nicht nur in funktioneller, sondern auch in organisatorischer Hinsicht zeigt sich ein überaus buntes Bild. Es bestehen zB Anrufbus, Bahnhofsshuttle, Jugendtaxi, Seniorentaxi, Bürgerbus, Sanftmobil, Citytaxi, Dorfmobil (Bumo), Asti, Basti, Wasti und Mosti.

1 Der auf der Tagung „Mobilitätswende – Verkehre unter dem Einfluss von Nachhaltigkeit und Digitalisierung“ gehaltene Vortrag ist Teil eines vom Klima- und Energiefonds drittmittelgeförderten Projekts („Nachhaltige Mobilität in der Praxis“) zu rechtlichen Umsetzungs- und Gestaltungsmöglichkeiten bei der Bestellung von Mikro-ÖV. Daher finden sich in dieser Schriftfassung des Vortrags zT wörtliche Überschneidungen zur nachfolgend ebenfalls im Verlag Österreich erscheinenden Publikation der vom Klima- und Energiefonds finanzierten Studie.
2 BGBl I 1999/204 idF BGBl I 2015/59.
3 Vgl www.bedarfsverkehr.at (Zugriff 10.10.2022).

Angesichts der faktisch bereits bestehenden Formen von Mikro-ÖV liegt die Auffassung nahe, die einschlägigen rechtlichen Umsetzungs- und Gestaltungsmöglichkeiten wären klar. Bereits eine oberflächliche Nachfrage in der „Praxis" zeigt jedoch, dass die entsprechenden Dienste auf unterschiedlichsten rechtlichen und faktischen Grundlagen angeboten werden. Rechtssicherheit besteht über weitere Strecken nicht und ist schon bei der ganz grundsätzlichen Frage, wer Mikro-ÖV-Dienste überhaupt bestellen darf, nicht gegeben.

Dabei ist es unbestritten, dass Mikro-ÖV-Dienste als sinnvolle Ergänzung zum überkommenen Linienverkehr bestehen sollen. Auch die Europäische Kommission stuft in ihrer Bekanntmachung zu „gut funktionierenden und nachhaltigen lokalen Bedarfsverkehren für die Personenbeförderung"[4] die Integration von Bedarfsverkehren und Linienverkehren als „äußerst wichtig" ein. Es geht um die so oft zitierte „erste und letzte Meile" als Attraktivierung des ÖPNV va in Gebieten, die nur dispers besiedelt sind. Immerhin können auch kurze Strecken große Mobilitätshindernisse darstellen.

Es geht um Mobilitätskonzepte zwischen den klassischen Polen Kraftfahrlinie und Taxi sowie – je nach Bedarf – um Flexibilisierungen in alle denkbaren Richtungen. Flexibilisierungsmöglichkeiten bestehen auf den verschiedensten Ebenen, wie etwa der Art der Bedienung (Linien- oder Richtungsbandbetrieb, Sektor- oder Flächenbetrieb etc), der Bindung an Fahrpläne, der Bündelung von Fahrten, der Ausgestaltung von Haltestellen und Fahrzeuggrößen, der Art des Trägers (gewerblich, gemeinnützig) oder auch des eingesetzten Personals (angestellt, ehrenamtlich). Grob gesagt geht es um bedarfsorientierten, flexiblen und tendenziell eher klein dimensionierten ÖV.

Das hier behandelte Thema ist übergeordnet freilich in die gesamtverkehrliche Frage nach möglichst viel Mobilität bei möglichst wenig Verkehr zu erschwinglichen Preisen für Menschen und den Staat eingebettet. Dies darf nie aus dem Blick geraten. Treiber der aktuellen Entwicklung sind vor allem auch die rasant zunehmende Forderung nach gesteigerter Nachhaltigkeit sowie die Digitalisierung, die neue technische Möglichkeiten – zB die gesamthafte Betrachtung der Mobilitätskette als Mobility as a Service – realisierbar macht, den überkommenen rechtlichen Rahmen aber fordert und so mit diesem in Wechselwirkung tritt.

II. Rechtliche Bestandsaufnahme

Am Beginn der Untersuchung ist eine kurz gehaltene rechtliche Bestandsaufnahme erforderlich. Die rechtlichen Grundlagen des hier interessierenden „Verkehrs(gewerbe)rechts" finden sich weitestgehend nicht in der GewO,

4 ABl C 2022/62, 1.

sondern in Spezialgesetzen, namentlich dem Kraftfahrliniengesetz (KflG[5]), dem Gelegenheitsverkehrsgesetz (GelverkG[6]), aber auch im Öffentlicher Personennah- und Regionalverkehrsgesetz (ÖPNRV-G). Im Hintergrund mitzudenken sind jeweils Bestimmungen der PSO-VO,[7] auf die hier jedoch auch deshalb nicht näher eingegangen wird, weil diese Gegenstand des nachfolgenden Beitrags von *Arnold Autengruber* sind.

A. Kraftfahrliniengesetz

Ausgangspunkt einer Untersuchung des für Bedarfsverkehr und Mikro-ÖV einschlägigen Rechtsrahmens ist sinnvollerweise das KflG, in dem zunächst einmal die „Urform" des öffentlichen Personenverkehrs auf der Straße, die **Kraftfahrlinie**, geregelt ist. Nach der Legaldefinition in § 1 Abs 1 KflG ist eine Kraftfahrlinie „die regelmäßige Beförderung von Personen mit Kraftfahrzeugen durch Personenkraftverkehrsunternehmer in einer bestimmten Verkehrsverbindung, wobei Fahrgäste an vorher festgelegten Haltestellen aufgenommen und abgesetzt werden. Der Kraftfahrlinienverkehr ist ungeachtet einer etwaigen Verpflichtung zur Buchung[8] für jedermann zugänglich". Kumulativ zu erfüllende Modalitäten der Leistungserbringung im Kraftfahrlinienverkehr sind die Öffentlichkeit,[9] Regelmäßigkeit[10] und Entgeltlichkeit[11] der Bedienung auf einer festgelegten Strecke[12] sowie die Benützung von Haltestellen[13]. Der Einsatz von Omnibussen ist charakteristisch.

5 BGBl I 1999/203 idF BGBl I 2022/18.

6 BGBl 1996/112 (WV) idF BGBl I 2022/18.

7 VO (EG) 1370/2007 über öffentliche Personenverkehrsdienste auf Schiene und Straße, ABl L 2007/315, 1 idF VO (EU) 2016/2338, ABl L 2016/354, 22 (PSO-VO).

8 Auf diese grundsätzliche Möglichkeit zur Buchung sei explizit hingewiesen. Auf sie wird im Folgenden zurückgekommen.

9 Nach der Rsp der VwGH bedeutet dies für jedermann zugänglich bei zugleich bestehender Beförderungspflicht, s etwa VwSlg 12.576 A/1987. Ist der Teilnehmerkreis bei Beginn der Fahrt bereits feststehend (gattungsmäßige Merkmale – zB Angehörige eines bestimmten Betriebes), liegt keine öffentliche Beförderung vor.

10 Darunter versteht die Judikatur (VwSlg 3455 A/1954), dass Fahrten zu bestimmten Zeiten erfolgen, die im Voraus dem Publikum öffentlich bekanntgegeben werden, und auch stattfinden, wenn sich keine Fahrgäste im gegebenen Zeitpunkt gemeldet haben. In der faktischen Durchführung von Fahrten zu bestimmten Zeiten allein kann die Planmäßigkeit nicht erblickt werden. Der Umstand, dass Haltestellen des Kraftfahrlinienverkehrs berührt werden bzw an solchen auch Fahrgäste einsteigen, ist für sich allein für das Vorliegen einer Kraftfahrlinie nicht ausschlaggebend.

11 Vgl die Definition des Personenkraftverkehrsunternehmers in § 1 Abs 2 leg cit, der die Personenbeförderung „gegen Vergütung durch die beförderte Person oder durch Dritte" ausführt.

12 Die Erteilung von Flächenkonzessionen ist nicht zulässig.

13 Daraus lässt sich ableiten, dass eine Kraftfahrlinie mindestens eine Anfangs- und eine Endhaltestelle haben muss. Bei der Anfangs- und Endhaltestelle kann es sich um dieselbe Haltestelle handeln.

Verkehre nach § 1 Abs 1 KflG bedürfen einer Konzession nach KflG. Das alles ist geläufig. Diese Form der Bedienung hat evident und unbestritten große Vorteile, weil sie eine systematische Bedienung der Allgemeinheit im Sinne einer verlässlichen Daseinsvorsorge im Bereich der öffentlichen Personenbeförderung sicherstellt. Es bestehen keine Zweifel daran, dass sie auch künftig das Rückgrat einer konsistenten ÖPNV-Bedienung – vor allem in Ballungsräumen – sein wird.

In einem nächsten, hier weiterführenden Schritt stellt das KflG zumindest etwas flexiblere Bedienformen im Kraftfahrlinienverkehr bereit. So ermöglicht es nach § 17 leg cit zunächst das **Teilen** einer Kraftfahrlinie. Dabei darf der Betrieb einer Kraftfahrlinie bedarfsbedingt auf einem Teil der konzessionierten Strecke verdichtet werden. **Schnellkurse** bedienen nicht alle Haltestellen auf der konzessionierten Strecke und die **Kopplung** von Kraftfahrlinien bedeutet eine durchlaufende Befahrung von mehreren verschiedenen Kraftfahrlinien oder ihrer Teilstücke.[14]

Eine Form von Linienverkehr nach Voranmeldung[15] und somit eine weitere Form einer – freilich nur sehr begrenzten – Flexibilisierung stellt der Betrieb von **Rufbussen** dar. Dieser wird vor allem mit einer Bedienung in (dispers besiedelten) Randgebieten und zu Randzeiten in Verbindung gebracht. Der Kraftfahrlinienverkehr mit Rufbussen bedarf einer Konzession nach § 1 Abs 3 KflG. Nach der Legaldefinition in § 38 Abs 3 leg cit tritt der Rufbusverkehr in zwei Betriebsvarianten in Erscheinung. Danach „gelten“ als Rufbusse innerstaatliche Kraftfahrlinienverkehre, die entweder ohne Anmeldung nicht verkehren und nur bei Vorliegen von Anmeldungen über Telefon oder in anderer festgesetzter Art von den erforderlichen Haltestellen ausgehend die gewünschten Verbindungen innerhalb eines konzessionierten Streckensystems herstellen (1) oder ohne Anmeldung fahrplanmäßig nur auf einer bestimmten Grundstrecke des Streckensystems verkehren, bei Vorliegen von Anmeldungen aber von der Grundstrecke abweichen, die erforderliche Haltestelle (Bedarfshaltestelle) bedienen, und danach wieder auf

14 Die Koppelung von mehreren Kraftfahrlinien oder deren Teilstrecken unterliegt der Genehmigungspflicht der Konzessionsbehörde; es handelt sich um die Änderung einer bestehenden Kraftfahrlinienkonzession in Form einer inhaltlichen Erweiterung (vgl insbesondere § 6 KflG sowie AB 2047 BlgNR 20. GP, 9). Neben der Koppelung „eigener“ Verkehrslinien ermöglicht § 17 Abs 3 leg cit für die Dauer der Teilnahme eines Konzessionsinhabers an einem Gemeinschaftsverkehr oder Verkehrsverbund zudem die Koppelung eigener Verkehrslinien mit Kraftfahrlinien oder deren Teilen anderer Verkehrsteilnehmer, die Vertragspartner sind. Vgl *Somereder/Grundtner*, Kraftfahrliniengesetz & Gelegenheitsverkehrsgesetz (2004) § 17 KflG, 62.

15 Vgl dazu auch die Definition einer Kraftfahrlinie in § 1 Abs 1 KflG, wonach es einer Qualifikation als Kraftfahrlinie nicht schadet, wenn eine „etwaige Verpflichtung zur Buchung“ besteht, sofern auch unter dieser Voraussetzung eine allgemeine Zugänglichkeit zu den Diensten besteht.

die Grundstrecke zurückkehren und zur Endhaltestelle weiterfahren (2).[16] Diese Festschreibungen lassen erkennen, dass bei einem Rufbussystem eine gewisse Bedarfsorientiertheit gegeben ist und Fahrgäste sich anmelden müssen. Allerdings zeigt die gesetzliche Definition dieser Bedienart recht klar auch die Grenzen der Flexibilisierung auf, wenn das „Streckensystem" und die „Grundstrecke" als limitierende Kriterien aufgestellt sind.

Neben den beschriebenen Formen nimmt das KflG auch auf **Anrufsammeltaxis** Bezug. Das sind nach § 38 Abs 3 Z 2 leg cit Taxiverkehre, „die Fahrgäste nach telefonischer Vorbestellung mit eigens als Anrufsammeltaxi gekennzeichneten Taxis zu festen Abfahrtszeiten von besonders bezeichneten Abfahrtsstellen gegen einen fixen Fahrpreis zu einem gewünschten Fahrziel innerhalb eines vorgegebenen abgegrenzten Betriebsgebietes befördern". Die „Strecke" fällt hier als begrenzendes Kriterium weg. Anders als Rufbusse unterliegen Anrufsammeltaxis dem GelverkG und nicht dem Regime des KflG. Das KflG widmet sich – neben der eben wiedergegebenen Definition – nur in Form zweier Verbote, also negativ, dem Betrieb von Anrufsammeltaxis. So ist dem „Taxigewerbe" das Anwerben von Fahrgästen bei Haltestellen verboten. Allerdings dürfen Anrufsammeltaxis diese Haltestellen außerhalb der täglichen Betriebszeiten der Kraftfahrlinien oder – innerhalb dieser Zeiten – mit Billigung des Berechtigungsinhabers auch während der Betriebszeiten als Abfahrtsstellen benützen (§ 38 Abs 2 leg cit). In Bezug auf die Flexibilität gehen Anrufsammeltaxis noch einen Schritt weiter. Ihr Betrieb macht eine Konzession nach dem GelverkG erforderlich (§ 38 KflG, § 1 GelverkG).

Es sind **keine Mischformen** zwischen Kraftfahrlinien- und Taxiverkehr erlaubt.[17] Die unbedingte Betriebspflicht beim Kraftfahrlinienverkehr gilt als Trennlinie zwischen den beiden Regimen.

B. Gelegenheitsverkehrsgesetz

Es ist offensichtlich, dass eine Analyse des geltenden Rechts bezüglich des vermehrten Einsatzes von Mikro-ÖV auch eines (kurzen) Blicks in das GelverkG bedarf. Das Gesetz gilt ausschließlich für die nichtlinienmäßige gewerbsmäßige Personenbeförderung. Es ordnet die Personenbeförderung voneinander abzugrenzenden Arten von Gelegenheitsverkehren zu, für die

16 Der sogenannten „Richtungsbandbetrieb" verbindet die Vorteile des Linienbetriebs, insbesondere den vorab festgelegten und veröffentlichten Linienweg sowie ein festes Fahrplangerüst, mit dem Vorteil des (beschränkten) Flächenbetriebs, wenig genutzte Zugangsstellen nur bei Bedarf anzusteuern (eine Flächenkonzession ist aber nicht zulässig). Grob gesagt werden für alle Haltestellen Abfahrtszeiten vorab festgelegt und veröffentlicht. Stark genutzte Zugangsstellen werden zu oder kurz nach diesen Zeiten immer angefahren, die übrigen bei Bedarf.

17 IA 1118/A 20. GP, 77.

jeweils ein besonderer Konzessionstyp besteht: das Ausflugswagen- bzw Stadtrundfahrten-Gewerbe[18], das Mietwagen-Gewerbe[19] das **Personenbeförderungsgewerbe mit Pkw – Taxi**[20] sowie das Gästewagen-Gewerbe.[21]

C. Ergebnis

Als Ergebnis der kurzen rechtlichen Bestandsaufnahme lässt sich an dieser Stelle festhalten: Das Personenbeförderungsgewerbe auf der Straße unterfällt in die linienmäßige und die nichtlinienmäßige gewerbsmäßige Personenbeförderung, wobei abhängig von der konkreten Ausgestaltung eine Konzessionspflicht nach dem jeweils einschlägigen Spezialgesetz (KflG oder GelverkG) besteht. Abseits der erwähnten Verkehrsgewerbe gibt es auf Basis der geltenden Gesetze keine zusätzlichen (konzessionierbaren) Ausgestaltungsarten der öffentlichen Personenbeförderung auf der Straße. Es liegt insofern

18 Nach § 3 Abs 1 Z 1 leg cit ist darunter die gewerbsmäßige Beförderung mit Omnibussen zu verstehen, die zu jedermanns Gebrauch unter Einzelvergebung der Sitzplätze an öffentlichen Orten bereitgehalten werden. Ist das Gewerbe auf ein Gemeindegebiet beschränkt, ist es Stadtrundfahrten-Gewerbe. Kennzeichnend ist die Personenbeförderung ausschließlich mit Omnibussen sowie die Einzelplatzvergabe der Sitzplätze an einen nichtgeschlossenen Teilnehmerkreis. Dem Ausflugswagen- bzw Stadtrundfahrten-Gewerbe ist es inhärent, dass diese Beförderung jeder gerade an einem öffentlichen Ort anwesenden Person zur Verfügung steht. Fahrgäste dürfen nur für die gesamte Strecke aufgenommen werden. Die Fahrten müssen zum Ausgangspunkt zurückführen.

19 Dh die Beförderung eines geschlossenen Teilnehmerkreises mit Omnibussen unter Beistellung des Lenkers aufgrund besonderer Aufträge (§ 3 Abs 1 Z 2 leg cit). Der Teilnehmerkreis ist dann als geschlossen anzusehen, wenn spätestens zum Bestellzeitpunkt der Teilnehmerkreis zumindest durch gattungsmäßige Merkmale bestimmt ist (zB Angehörige eines bestimmten Betriebes).

20 § 3 Abs 1 Z 3 leg cit versteht darunter den Transport mit Pkw, die zu jedermanns Gebrauch an öffentlichen Orten bereitgehalten oder mittels Kommunikationsdienste angefordert werden. Von dieser Berechtigung ist auch die Beförderung eines geschlossenen Teilnehmerkreises aufgrund besonderer Aufträge (Bestellungen) umfasst. Das Taxi-Gewerbe – so die historische Bezeichnung – ist insbesondere dazu bestimmt, Verkehrsbedürfnisse allgemeiner Art zu befriedigen (VwSlg 5000 A/1959), es dient nicht zur Abwicklung eines regelmäßigen Personenverkehrs, sondern vor allem einem Beförderungsbedürfnis in dringenden und unvorhersehbaren Fällen (VwSlg 3930 A/1995). Der Berechtigungsumfang des Taxi-Gewerbes wurde durch die GelverkG-Nov 2014 (BGBl I 2014/63) um die Beförderung eines geschlossenen Teilnehmerkreises aufgrund besonderer Aufträge erweitert. Hintergrund für diese Erweiterung waren Kapazitätsprobleme bei der Schülerbeförderung im ländlichen Bereich; derartige Beförderungen konnten bis zu diesem Zeitpunkt nur durch das Mietwagen-Gewerbe bedient werden, und die Dichte solcher Mietwagen-Gewerbe wurde als zu gering erachtet. Mit der GelverkG-Nov 2019 (BGBl I 2019/83) wurde schließlich das Mietwagengewerbe mit Pkw mit dem Taxi-Gewerbe vereinigt.

21 Das Gästewagen-Gewerbe meint die Beförderung von Wohngästen und Bediensteten von Gastgewerbe- und Beherbergungsbetrieben udgl vom eigenen Betrieb zu Aufnahmestellen des öffentlichen Verkehrs und umgekehrt.

ein geschlossenes System des Personenbeförderungsgewerbes auf der Straße vor (**numerus clausus der Verkehrstypen**).

III. Möglichkeiten der verkehrlichen Verzahnung

Bei der Analyse der rechtlichen Möglichkeiten der Verzahnung von Linien- und Bedarfsverkehr (Mikro-ÖV) ist in folgenden Schritten vorzugehen: Zunächst sind die diesbezüglichen Abgrenzungen und Verschränkungen der bestehenden Gesetze aufzuzeigen. Hier ist insbesondere zu untersuchen, ob und wenn ja, inwieweit und unter welchen Voraussetzungen sich das ÖPNRV-G auch auf Mikro-ÖV-Angebote erstreckt. Das Ergebnis dieser Untersuchung ist essentiell für die Frage, ob sich Mikro-ÖV überhaupt adäquat und auf einem angemessen rechtssicheren Boden in das Angebot an Kraftfahrlinienverkehren integrieren lässt. Im Falle einer positiven Beantwortung der ersten Frage, muss in einer zweiten danach gefragt werden, wer zur Bestellung von Mikro-ÖV zuständig ist. Eine entsprechende Koordination ist für ein geordnetes ÖPNV-Angebot essentiell. Schließlich ist herauszuarbeiten, ob und wenn ja, welchen gemeinwirtschaftlichen Pflichten Mikro-ÖV durch den Besteller unterworfen werden darf.

A. Das Verhältnis zwischen KflG und GelverkG

§ 1 KflG bestimmt, was ein Kraftfahrlinienverkehr ist. Daran anknüpfend legt § 1 GelverkG fest, dass dieses Gesetz nicht für die Beförderung von Personen „im Kraftfahrlinienverkehr" gilt. Die Definition des Kraftfahrlinienverkehrs im KflG sorgt so für die Abgrenzung zu den Gelegenheitsverkehren. Dass die Gesetze aber miteinander verschränkt sind, zeigt § 38 Abs 1 leg cit durch die erwähnten zwei Verbote bezüglich des Anwerbens von Fahrgästen bei Haltestellen des Kraftfahrlinienverkehrs und der Benützung von Haltestellen.[22]

Im Ergebnis finden sich zwischen KflG und GelverkG keine großen Überschneidungen und Verbindungen, was freilich nicht überrascht. Viel wichtiger ist für den vorliegenden Untersuchungsgegenstand die Antwort auf die Frage, ob sich das ÖPNRV-G nicht nur auf das KflG, sondern auch auf das GelverkG, genauer: auf die darin geregelten (Mikro-)Verkehre, bezieht.

22 Für das Funktionieren alternativer Betriebsformen ist es freilich allenfalls von besonderer Bedeutung, Haltestellen immer für Anrufsammeltaxis zugänglich zu machen, also die in § 38 Abs 2 KflG angesprochene „Bewilligung des Berechtigungsinhabers" sicherzustellen.

B. Das Verhältnis zwischen ÖPNRV-G und GelverkG

Nach seiner **„Allgemeine[n] Bestimmung"** und seinen **„Begriffsbestimmungen"** (§§ 1 bis 4 ÖPNRV-G) erstreckt sich das ÖPNRV-G auch auf alternative Betriebsformen. Dies ergibt sich aus Folgendem: Nach seinem Wortlaut legt das ÖPNRV-G – unter ausdrücklicher Bezugnahme auf die PSO-VO – die organisatorischen und finanziellen Grundlagen für den Betrieb des öffentlichen Personennah- und -regionalverkehrs fest. Nach § 2 Abs 1 leg cit sind unter Personennahverkehr jene Verkehrsdienste zu verstehen, „die den Verkehrsbedarf innerhalb eines Stadtgebietes (Stadtverkehre) oder zwischen einem Stadtgebiet und seinem Umland (Vororteverkehre) befriedigen". Unter Personenregionalverkehr (Verkehr im ländlichen Raum) sind gemäß § 2 Abs 2 leg cit „nicht unter den Anwendungsbereich der Bestimmung des Abs. 1 fallende Verkehrsdienste zu verstehen, die den Verkehrsbedarf einer Region bzw. des ländlichen Raumes befriedigen". Nach dem Wortlaut des Gesetzes ist also alleine ausschlaggebendes Kriterium eines (öffentlichen) Personennah- und eines (öffentlichen) Personenregionalverkehrs der Verkehrsbedarf im jeweiligen Bezugsraum. Zum rein organisatorischen und finanziellen Regelungskreis des ÖPNRV-G, dem jeder gewerberechtliche Inhalt fehlt, passt es, dass sich das Gesetz „nicht an den Besonderheiten bzw der Art bestimmter Fahrbetriebsmittel" orientiert.[23] Im nächsten Schritt normiert das Gesetz, dass Verkehrsdienste iSd ÖPNRV-G „im öffentlichen Schienenverkehr oder im öffentlichen Straßenpersonenverkehr (insbesondere Kraftfahrlinienverkehr) erbrachte Dienstleistungen" sind.

Setzt man die Teile zusammen, regelt das ÖPNRV-G also die organisatorischen und finanziellen Grundlagen des ÖPNRV, wobei dieser Verkehrsleistungen umfasst, die einen Verkehrsbedarf – eben nah oder regional – durch Verkehrsdienste, also im öffentlichen Straßenpersonenverkehr erbrachte Dienste, decken. Das Gesetz gibt dabei klar zu erkennen, dass der Kraftfahrlinienverkehr nur eine, wenn auch die wichtigste Art solcher Verkehrsdienste ist (arg: „insbesondere" Kraftfahrlinienverkehr).[24]

Es zeigt sich somit, dass Regelungsgegenstand des ÖPNRV-G keinesfalls nur Kraftfahrlinien- und Schienenverkehre sind. Vielmehr bezieht sich das Gesetz seiner „Allgemeine[n] Bestimmung" (§ 1) und seinen „Begriffs-

23 *Kahl*, Der öffentliche Personennahverkehr auf dem Weg zum Wettbewerb (2005) 248.

24 Natürlich bezieht sich das Gesetz schon seinem Titel und seinem § 1 nach nur auf öffentliche Verkehre. Wie der VwGH wiederholt ausgesprochen hat (zB VwSlg 12.576 A/ 1987, 15.149 A/1999), ist ein Beförderungsmittel als „öffentlich" anzusehen, wenn es – sofern die Beförderungsbedingungen erfüllt sind – allgemein, also für jedermann, zugänglich ist und Beförderungspflicht besteht. Dies trifft zunächst natürlich auf den Kraftfahrlinienverkehr, jedoch gleichfalls etwa auf den Taxiverkehr zu.

bestimmungen" (§§ 2 und 3) nach klar auf **alle öffentlichen Personenbeförderungen, die zur Befriedigung eines entsprechenden Verkehrsbedarfs dienen**. Das ist ein funktioneller Zugang.

Dieses Ergebnis wird – mit einer kleinen „Verwirrung" – durch **§ 5 ÖPNRV-G** über den **Anwendungsbereich** des Gesetzes bestätigt. Dass sich das ÖPNRV-G auch auf einschlägig zweckgerichtete Gelegenheitsverkehre erstreckt, ergibt sich dabei aus Folgendem: Nach § 5 Abs 1 leg cit finden die gesetzlichen Bestimmungen ganz umfänglich „auf den Betrieb von öffentlichen Personennah- und Regionalverkehren zu Lande" Anwendung. Dann nimmt § 5 Abs 2 leg cit zwar Verkehre nach dem GelverkG von seinem Anwendungsbereich grundsätzlich aus, macht dann aber die Rückausnahme, dass dies nicht für „für Zwecke des ÖPNRV eingerichtete alternative Betriebsformen, wie Rufbusse oder Anrufsammeltaxis", gilt. Auf diese Betriebsformen erstreckt sich das ÖPNRV-G also.

Die Rückausnahme ist allerdings **missglückt** und bereitet nicht unerhebliche Auslegungsschwierigkeiten. Sie bezieht nämlich Rufbusse in die alternativen Bedienformen (nach dem GelverkG) mit ein. Diese unterfallen aber unstreitig dem KflG, auf das sich das ÖPNRV-G ohnehin bezieht. Daher verwirrt die unsystematische Erwähnung von Rufbussen in der Rückausnahme. Wichtig zu sehen ist, dass auch die Rückausnahme in § 5 Abs 2 leg cit nur beispielhaft ist (arg: „wie"). Sie ist – neben dem Umstand der nur beschränkt als Verkehrstypen zur Verfügung stehenden Formen für öffentlichen Personentransport auf der Straße – (nur) durch das Kriterium begrenzt, dass die alternativen Betriebsformen für Zwecke des ÖPNRV eingerichtet sind. Ist dies der Fall, bezieht sich das ÖPNRV-G auch auf diese dem GelverkG unterliegenden Verkehre und umfasst somit – systematisch kohärent – alle öffentlichen Verkehre, die dem Zweck dienen, ein entsprechendes Verkehrsbedürfnis im Nah- oder Regionalverkehr zu befriedigen. Insgesamt ist das ein funktionaler und beweglicher Zugang. Ist ein Verkehr entsprechend zweckgerichtet, unterfällt er dem **ÖPNRV-G**. Das Gesetz **umfasst** somit **alle öffentlichen Verkehre, die dem Zweck dienen, ein entsprechendes Verkehrsbedürfnis im Nah- oder Regionalverkehr zu befriedigen.**

C. Ergebnis

Als Ergebnis lässt sich festhalten, dass das KflG und das ÖPNRV-G nur auf den ersten Blick neben dem GelverkG stehen. Ein zweiter, genauerer Blick zeigt, dass alle Gesetze und damit die entsprechenden Verkehrsbedienungen zum Zweck der Daseinsvorsorge miteinander verknüpft werden können. Auch Taxidienste können Liniendienste ergänzen. Das ÖPNRV-G geht mit seinem funktionalen Ansatz von dieser Möglichkeit aus und erstreckt den von ihm gesteckten organisatorischen und finanziellen Rahmen auch auf entsprechende Mikro-ÖV-Betriebsformen; und zwar sowohl nach dem KflG als auch nach dem GelverkG.

IV. Die Bestellung von Mikro-ÖV-Diensten

Nachdem die Verzahnung von KflG, ÖPNRV-G und GelverkG herausgearbeitet ist, ist in der rechtlichen Analyse als Nächstes die Frage zu stellen, wer zur Bestellung alternativer Kraftfahrlinienverkehre, vor allem dann aber für alternative Gelegenheitsverkehre zuständig ist. Diese Zuständigkeit sollte im Idealfall auch die Zulässigkeit beinhalten, (gemeinwirtschaftliche) Pflichten auch für den Bereich des Mikro-ÖV aufzuerlegen und entsprechende Finanzierungen vorzunehmen.

In diesem Zusammenhang wird bei den folgenden Überlegungen aus guten Gründen nicht der in der Praxis manchmal verfolgte Ansatz gewählt, dass im Rahmen der Privatwirtschaftsverwaltung, für die das Legalitätsprinzip des Art 18 Abs 1 B-VG nicht gilt,[25] ohnehin jede staatliche Einrichtung so lange tätig werden darf, als sie keine Gesetze verletzt. Diese Auffassung kann nämlich dazu führen, dass von der in Österreich traditionellen, im ÖPNRV-G zwar nicht ausreichend klar, aber – unter Berücksichtigung der Gesetzesmaterialien und des vor der historischen Entwicklung erkennbaren Willen des Gesetzgebers – dennoch hinreichend festgelegten Aufgabenverteilung, also der Verteilung der Aufgabenträgerschaft, – durchaus vergaberechtskonform – abgewichen wird. Dies führt in der Praxis zu Unstimmigkeiten und läuft dem Konzept einer geordneten Verkehrsbedienung im Bereich des ÖPNRV zuwider. Anders formuliert: Für die folgende Analyse wird die Zuständigkeitsverteilung des ÖPNRV-G in Gestalt der Aufgabenträgerschaft ernst genommen und nicht nur als „Empfehlung“ gesehen. Immerhin legt das ÖPNRV-G nach seinem § 1 (auch) die „organisatorischen Grundlagen“ für den Betrieb des ÖPNRV fest. Darunter ist wohl zweifellos auch die Festlegung jener Stellen zu verstehen, die entsprechende Verkehrsdienste bestellen sollen.

A. Die Bestellung alternativer Kraftfahrlinienverkehre

Unproblematisch ist mit Blick auf § 5 Abs 1 ÖPNRV-G die Bestellung alternativer Kraftfahrlinienverkehre. Besondere, hier zu erörternde Fragen in Bezug auf die Besteller-Kompetenz ergeben sich hier nicht.

25 *Kahl/Weber*, Allgemeines Verwaltungsrecht[7] (2019) Rz 152.

B. Die Bestellung alternativer Gelegenheitsverkehre

Mikro-ÖV-Gelegenheitsverkehre fallen – wie dargestellt – nach § 5 Abs 2 ÖPNRV-G unter das ÖPNRV-G, wenn und soweit sie „für Zwecke des ÖPNRV" eingerichtet sind. Dies muss im Sinne der lex specialis-Regel zur Folge haben, dass die alternativen Gelegenheitsverkehre zwar dem Regelungskomplex des GelverkG entstammen, jedoch im Bereich des ÖPNRV zusätzlich spezifischen, als Taxiverkehre nach GelverkG sonst nicht einschlägigen Anforderungen und Pflichten unterworfen werden dürfen. Auch das ist ein wichtiger interpretatorischer Schritt, der sich aus folgenden Überlegungen ergibt:

Alternative Gelegenheitsverkehre fallen also auch unter das Bestellregime der §§ 7 ff ÖPNRV-G,[26] wenn sie den Kraftfahrlinienverkehr ergänzen. Dieses normiert für den – hier einschlägigen – Abschluss von Verkehrsleistungsverträgen zum Zweck des Kraftfahrlinienverkehrs die Zuständigkeit der Länder und Gemeinden, die ihre Kompetenz auch an eine – sonst nur als „Maklerin" tätige[27] – Verkehrsverbundorganisationsgesellschaft übertragen können. Vom zuständigen Aufgabenträger dürfen ergänzende (öffentliche) Gelegenheitsverkehre bestellt werden. Anders ergäbe die vom Gesetzgeber bewusst vorgenommene Erstreckung der Bestimmungen des ÖPNRV-G (aller [!] seiner Bestimmungen[28]) auf einschlägig zweckgerichtete Formen des Gelegenheitsverkehrs keinen Sinn. Dass alternative Betriebsformen in das Angebot integriert werden dürfen und sollen, zeigen das Gesetz und die Materialien klar. Der Akt der Bestellung legt die nach dieser Bestimmung erforderliche Zweckwidmung („für Zwecke des ÖPNRV eingerichtete alternative Betriebsformen") konstitutiv, rechtlich verbindlich fest und nimmt die entsprechenden Unternehmen in Dienst.

Unklar ist die Regelung jedoch dann, wenn überhaupt keine Kraftfahrlinie besteht und die gänzliche Substituierung einer Kraftfahrlinie durch alternative Gelegenheitsverkehre vorgenommen werden soll. Hier sind mE die Grenzen des KflG zu beachten. Dieses kennt keine Flächenkonzessionen und schließt eine solche Art der Bedienung aus; eine bewusste, spezialgesetzliche Vorgabe, die nicht durch die Hintertüre ausgehebelt werden darf. Hier muss also eine Grenze liegen.

Wo diese Grenze liegt, ist nicht einfach zu beantworten. Die Gesetze und Materialien liefern für die Bestellung alternativer Betriebsformen zusammen-

26 Näher dazu auch mit der historischen Entwicklung zB *Kahl*, Personennahverkehr 461 ff.

27 Nach der im Bericht des Verkehrsausschusses verwendeten Terminologie treten die Verkehrsverbundorganisationsgesellschaften lediglich als „Makler sowie über Auftrag als Besteller für den Abschluß von Verkehrsdienstverträgen (Leistungsbestellungen) auf" (AB 2046 BlgNR 20. GP, 6).

28 Vgl § 5 Abs 1 ÖPNRV-G.

genommen (nur) die Hinweise, dass diese „für Zwecke des ÖPNRV" (§ 5 Abs 2 ÖPNRV-G) eingerichtet werden, sie als „Ergänzung zum allgemeinen öffentlichen Schienen- oder Kraftfahrlinienverkehr in Erwägung" zu ziehen[29] sind und dass es der Gesetzgeber als Qualitätssteigerung sieht, wenn „ländliche Gegenden und Randregionen" auch unter „Einsatz bedarfsorientierter alternativer Betriebsformen" an Linienverkehre angebunden werden (§ 31 leg cit). Schließlich kann in Erinnerung gerufen werden, dass sowohl der gesetzliche Rahmen als auch der Charakter des Verkehrs als dynamisches Geschehen an sich dafür sprechen, den ergänzenden Charakter alternativer Betriebsformen funktional zu bestimmen.

Es zeigt sich insgesamt, dass der Gesetzgeber den ergänzenden Charakter alternativer Betriebsformen nicht restriktiv versteht und auch die Bedienung größerer Gebiete durch alternative Betriebsformen als Ergänzung zum allgemeinen ÖPNRV qualifiziert. Beurteilungsmaßstab ist das Kriterium der „Ergänzung", wobei auch die alternative Bedienung einer ganzen (ländlichen) Region[30] ergänzenden Charakter besitzen kann. Unter Zugrundelegung eines lösungsorientierten Ansatzes kann hier mE ein großzügiges Verständnis gelebt werden.

C. Die Bestellung gemeinwirtschaftlicher Pflichten

1. Bestellung und Tarifpflicht

Dass der Gesetzgeber den Bedarf an einer Harmonisierung der rezenten Gesetze hinsichtlich einer vermehrten Einbindung von Mikro-ÖV (konkret in Form von Anrufsammeltaxis) erkennt, zeigt sich an einer expliziten, aber insgesamt vereinzelt gebliebenen Angleichung des GelverkG. Eine zunehmende Synchronisierung der Systeme des GelverkG und des ÖPNRV-G lässt sich nunmehr nämlich für den Bereich tariflicher Bestimmungen im vergleichsweise jungen[31] § 14 Abs 1a Z 3 und Z 5 GelverkG erkennen, wonach die vom Landeshauptmann verordneten Tarife ua nicht für von Körperschaften öffentlichen Rechts oder von Verkehrsverbünden (als „Makler") beauftragte Fahrten gelten, wenn dafür ein Rahmentarif vereinbart wurde (Z 3) bzw wenn Fahrten im Rahmen des Betriebes eines Anrufsammeltaxis nach § 38 Abs 3 KflG durchgeführt werden (Z 5).

Den besonderen Charakter der hier erwähnten Betriebsformen hervorhebend, nennen die Materialien im Fall der Z 3 explizit Konstellationen als einschlägig, die das fehlende Angebot öffentlicher Verkehre ergänzen und

29 IA 1132/A 20. GP, 23.
30 Eine Beschränkung auf ländliche Gebiete lässt sich dem Gesetzeswortlaut freilich nicht entnehmen.
31 Vgl BGBl I 2019/83.

im Wege von Rahmenvereinbarungen bezuschusst werden.[32] Hinsichtlich Anrufsammeltaxis (Z 5) wird vom Gesetzgeber ebenfalls der – bewährt – ergänzende Charakter zum klassischen öffentlichen Verkehr hervorgehoben.[33]

Damit entstehen im Kontext alternativer Gelegenheitsverkehre also Gelegenheitsverkehre sui generis, für die das GelverkG (bzw auf diesem fußende Verordnungen) partiell, namentlich hinsichtlich tariflicher Bestimmungen, nicht zur Anwendung gelangt. Der Gesetzgeber verhindert damit Regelungswidersprüche. Tariffragen werden für alternative Betriebsformen auf diesem Weg aus dem des GelverkG gelöst und in den Bereich der Bestellung verlagert, also in den Bereich des Zivilrechts.

2. Bestellung und sonstige (gemeinwirtschaftliche) Pflichten

Hinsichtlich der Frage nach der Möglichkeit zur Auferlegung sonstiger, allenfalls auch gemeinwirtschaftlicher Pflichten ist zunächst § 13 Abs 3 GelverkG in den Blick zu nehmen. Dabei wird im Folgenden von einem weiten Verständnis solcher Pflichten ausgegangen und der Fokus nicht nur auf die neben der Tarifpflicht bestehenden, klassischen gemeinwirtschaftlichen Verpflichtungen, die Betriebs- und Beförderungspflicht, gelegt. Dieser Zugang ist hier deshalb geboten, weil es darum geht, ein Bild zu zeichnen, wie alternative Betriebsformen bereits nach dem GelverkG oder nach darauf beruhenden Verordnungen qualitativ ausgestaltet sein müssen. Diese Standards müssen dann nicht mehr spezifisch „bestellt" bzw auferlegt werden.

Nach § 13 Abs 3 leg cit steht den Landeshauptleuten unter anderem hinsichtlich des Personenbeförderungsgewerbes mit Pkw (Taxi) die Erlassung einer Verordnung zu, mit der die „erforderliche Beschaffenheit, Ausrüstung und Kennzeichnung der bei der Gewerbeausübung verwendeten Fahrzeuge hinsichtlich ihrer Betriebssicherheit und Eignung" sowie unter anderem auch die „erforderlichen Betriebs- und Beförderungsbedingungen" sowie eine „Beförderungspflicht" vorgeschrieben werden kann. Entsprechende Verordnungen wurden in allen Bundesländern erlassen, wobei sich die Regelungen hinsichtlich der hier zu behandelnden Frage – bis auf eine Ausnahme, auf die zurückgekommen wird – nicht wesentlich voneinander unterscheiden.[34]

32 IA 917/A 26. GP, 5 f; AB 640 BlgNR 26. GP, 3.

33 Ebenda.

34 Burgenländische Betriebsordnung für den nichtlinienmäßigen Personenverkehr 2002, LGBl 2002/87 idF LGBl 2013/31; Kärntner Betriebsordnung für den nichtlinienmäßigen Personenverkehr, LGBl 2016/48 idF LGBl 2021/40; Niederösterreichische Taxi-Betriebsordnung, LGBl 7001/20-0 idF LGBl 2022/14; Oberösterreichische Taxi-Betriebsordnung, LGBl 2021/47; Salzburger Taxi-, Mietwagen- und Gästewagen-Betriebsordnung, LGBl 1994/56 idF LGBl 2019/30; Steiermärkische Personenbeförderungs-Betriebsordnung 2021, LGBl 2013/40 idF LGBl 2020/133; Tiroler Personenbeförderungs-Betriebsordnung 2020, LGBl 2020/138; Vorarlberger Landesbetriebsord-

Alle Verordnungen beinhalten etwa Vorgaben über die für die Kunden sichere und bequeme Beschaffenheit der eingesetzten Fahrzeuge (zB Abmessungen, Innenbeleuchtung, Heizung, Klimatisierung, Fahrpreisanzeiger, Verbandszeug, besondere Überprüfung), die Beförderungspflicht (in der Standortgemeinde), die Pflicht des Fahrers, höflich und behilflich zu sein, den kürzest möglichen Weg zu nehmen und ausreichend Wechselgeld mitzuführen, Ankündigungsverbote, die Pflicht zur Ersichtlichmachung der Tarife oder über das Auffahren und Verhalten auf Standplätzen.

Es ist nun nicht zu übersehen, dass im Zuge der Bestellung alternativer Gelegenheitsverkehre als Mikro-ÖV – wie bereits erwähnt – auch solche zusätzlichen, in den Landesbetriebsverordnungen nicht enthaltenen Pflichten auferlegt werden dürfen, die für eine funktional adäquate, alternative Ergänzung eines Linienverkehrs erforderlich sind. Dass die Bestellung die Qualität des alternativen Gelegenheitsverkehrs umfänglich, also auch etwa hinsichtlich einer Pflicht zur Installation von Info-Displays, Ticketverkaufs- und -lesegeräten oder der Barrierefreiheit, regeln muss und auch darf, ergibt sich unter anderem aus § 5 ÖPNRV-G. Demnach sind alternative Gelegenheitsverkehre „für Zwecke des ÖPNRV“ bzw zu deren „Ergänzung“ zu bestellen. Funktionsadäquat ist dies nur möglich, wenn auch diesbezüglich erforderliche Elemente des Kraftfahrlinienverkehrs in eine Bestellung aufgenommen werden dürfen.

3. Alternativen Gelegenheitsverkehren entgegenstehende Vorschriften

Wirft man einen detaillierteren Blick auf die verschiedenen Taxi-Betriebsordnungen, zeigt sich, dass diese auch Bestimmungen enthalten, die der Bedienform als alternative Gelegenheitsverkehre entgegenstehen. Zu erwähnen sind diesbezüglich beispielsweise folgende Vorschriften: die Pflicht, den Taxitarif anzuwenden; die Pflicht, einen Fahrpreisanzeiger zu verwenden; die Abhängigkeit der Beförderung anderer Personen von der Zustimmung des die Beförderung beauftragenden Fahrgasts oder auch das Verbot von Ankündigungen von Fahrten. Auf den Einsatz von Taxis als alternative Gelegenheitsverkehre sind die Verordnungen unterschiedlich abgestimmt. So kennt die Niederösterreichische Taxi-Betriebsordnung zB eine Ausnahme von der Pflicht zur Verwendung eines Fahrpreisanzeigers (§ 12 Abs 5) und die Wiener Landesbetriebsordnung normiert Ausnahmen von der Ersichtlichmachung der Taxitarifsätze (§ 4 Abs 3 Z 3), der Ausstattung mit Taxameter (§ 5 Abs 2) und Taxischild (§ 6 Abs 3) sowie der Pflicht, den kürzesten Weg einzuschlagen (§ 9 Abs 3). Eine Ausnahme vom Erfordernis der Zustimmung durch den auftraggebenden Fahrgast hinsichtlich der Beförderung weiterer

nung, LGBl 2017/39 idF LGBl 2021/51; Wiener Landesbetriebsordnung für das Personenbeförderungsgewerbe mit Pkw, LGBl 2020/63.

Personen kennt wiederum § 18 Abs 5 Oberösterreichische Taxi-Betriebsordnung.

Am eingehendsten setzt sich § 9 Vorarlberger Landesbetriebsordnung mit der hier in Rede stehenden Harmonisierung auseinander. Dieser sei zur Illustration beispielhaft wiedergegeben:

§ 9
Betrieb von Anrufsammeltaxis

(1) Verkehr mit Anrufsammeltaxis (AST-Verkehr) ist jene Ausübung des Personenbeförderungsgewerbes mit Pkw – Taxi, bei der

a) der Fahrtwunsch mittels Fernmeldeeinrichtungen vorangemeldet wird,
b) die Abfahrtszeiten das Bedienungsgebiet und der Fahrpreis im Vorhinein festgelegt und bekannt gemacht werden und
c) Sitzplätze einzeln vergeben werden.

(2) Im AST-Verkehr besteht abweichend von § 6 *Beförderungspflicht nur im Bedienungsgebiet* (Abs. 1 lit. b).

(3) Das Fahrpersonal darf im AST-Verkehr den Weg abweichend von § 8 Abs. 1 zur *Aufnahme weiterer Fahrgäste* und zur Erreichung der verschiedenen Fahrtziele bestimmen.

(4) Im AST-Verkehr ist § 8 Abs. 3 bis 8 *[Einzelvergabe von Sitzplätzen; Zustimmung anderer Fahrgäste zur Beförderung auch weiterer Personen; Vorschriften betreffend den Fahrpreisanzeiger; Verwendung eines alternativen Fahrpreises]* und 10 nicht anzuwenden.

(5) Im AST-Verkehr darf nur der Fahrpreis verlangt werden, welcher mit der diesen Dienst beauftragenden Einrichtung vereinbart wurde oder in einem verbindlichen *Tarif für den AST-Verkehr* festgelegt ist.

(6) Im AST-Verkehr eingesetzte Kraftfahrzeuge sind mit einer auf das AST-System hinweisenden *Bezeichnung* gut lesbar zu kennzeichnen.

Hier ist nicht der Ort, an dem diese Regelung im Detail zu untersuchen ist, sie führt in ihren hervorgehobenen Passagen aber klar die regulatorischen Bruchstellen zwischen regulärer und iSd § 5 Abs 2 ÖPNRV-G alternativer Betriebsform (Mikro-ÖV) beispielhaft und deutlich vor Augen.

4. Bestellung bei mangelnder normativer Abstimmung

Es fragt sich, wie mit der mangelnden Abstimmung von Taxi-Betriebsordnungen in der Praxis umgegangen werden soll: Ausgangspunkt ist dabei, dass alle einschlägigen Gesetze davon ausgehen, dass alternative Betriebsformen zunehmend eingesetzt werden sollen. Dann ist der Grundsatz in Erinnerung zu rufen, dass Durchführungsverordnungen gesetzeskonform zu interpretieren sind.

Im konkreten Fall lässt sich für die Aufgabenträger unter Zugrundelegung eines lösungsorientierten und pragmatischen Ansatzes also auf einer allgemeinen Ebene mit guten Gründen argumentieren, dass Verordnungen der Landeshauptleute nach § 13 Abs 3 GelverkG Mikro-ÖV-Systeme nicht verunmöglichen dürfen. Daher sind Mikro-ÖV unmöglich machende Bestimmungen in den Taxi-Betriebsordnungen nicht auf Anrufsammeltaxis zu beziehen, wenn diese im Rahmen von Mikro-ÖV-Lösungen zum Einsatz gelangen. Der Inhalt der Verordnungen wird also nicht so verstanden, dass dort für den regulären Betrieb des Taxiverkehrs aufgestellte Schranken einer alternativen Betriebsform entgegenstehen. Als pragmatische Vorgehensweise kann ein Auftraggeber auf diese Art und Weise vertretbar argumentieren. In Rechnung zu stellen ist freilich, dass Grenze jeglicher Auslegung – somit auch der verfassungs- und gesetzeskonformen Interpretation – der Wortlaut der Norm ist. Können wegen des eindeutigen und klaren Wortlauts einer Vorschrift Zweifel über den Inhalt der Regelung nicht aufkommen, dann ist eine Untersuchung, ob nicht etwa eine andere Auslegungsmethode einen anderen Inhalt ergeben würde, streng genommen unzulässig.[35]

V. Überlegungen zum rechtlichen Reformbedarf

A. Offensiver, zukunftsweisender Ansatz

Die Praxis zeigt, dass das Bedürfnis nach einer rechtssicheren Integration von Mikro-ÖV in das traditionelle Angebot rasant zunimmt. In einem aus meiner Sicht zu bevorzugenden, offensiven und zukunftsweisenden Ansatz wäre daran zu denken, die gesamte öffentliche Personenbeförderung auf der Straße künftig in einem eigenen Gesetz zu bündeln. Gemeinwirtschaftliche Bestellungen würden so kohärent und umfänglich klar geregelt. Es könnte für alle einfach ersichtlich machen, dass alternative Gelegenheitsverkehre durch Bestellung umfänglich aus dem GelverkG gelöst werden. So würde der Mikro-ÖV aus seiner rechtlichen Grauzone geholt. Notwendig ist, die Grenzen der Verkehrstypen durchlässig zu gestalten. Fahrkarten- und Buchungssysteme funktionieren im Zeitalter der Digitalisierung in Echtzeit und sind für einen alternativen, attraktiven Personenverkehr von großer Bedeutung. Auch bedarf es zB einer klaren Bestellbefugnis der Aufgabenträger auch für Formen des Mikro-ÖV. Die Bestellung muss vor allem bewirken, dass der Verkehr allen (!) für die Bedienung als Mikro-ÖV „passenden“ Pflichten unterworfen ist. Der Gesetzgeber muss sich auch entscheiden, welche Verkehre er dem Bestellmarkt eröffnet bzw welche diesem vorbehalten sein sollen. Die Fahrplanpflicht wäre zu relativieren und in entsprechend geeigneten

35 ZB VwGH 26.4.2006, 2005/12/0251.

Gebieten auch eine fahrplanfreie Bedienung „in die Fläche" zu erlauben (zB Teleskopbedienung). Den Kraftfahrlinienverkehr heute prägende Kriterien, wie Öffentlichkeit, kontinuierliche Verfügbarkeit und Tarifpflicht, sollten als klassifizierende Kriterien auch für einen alternative Betriebsformen einschließenden öffentlichen Personenverkehr aufgestellt werden.

ME nur die „zweitbeste" Lösung wäre, dass sowohl das KflG als auch das GelverkG Mikro-ÖV vermehrt mitdenken. In einem solchen Fall müsste das KflG den alternativen Gelegenheitsverkehr klar integrieren (nicht nur durch 2 Verbote) und auch flexibilisierte Bedienungen durch kleinere Fahrzeuge – allenfalls zu flexiblen Abfahrtszeiten – zulassen. Es wäre zwingend erforderlich, dass sich das Gesetz mit Mikro-ÖV detailliert auseinandersetzt. Auch das GelverkG müsste sich alternativen Gelegenheitsverkehren systematisch widmen. Es müsste festlegen, welche Pflichten für die traditionellen Gelegenheitsverkehre gelten und welche (gemeinwirtschaftlichen) Pflichten für alternative Gelegenheitsverkehre (zusätzlich) auferlegt werden können. Die Taxi-Betriebs-Verordnungen müssten in Richtung Mikro-ÖV überarbeitet werden. Eine Trennung von Tarifpflichten und sonstigen Pflichten im Fahrbetrieb sowie von allenfalls gemeinwirtschaftlichen Pflichten wäre vorzunehmen. Dabei ist nicht zu übersehen, dass es derzeit neun verschiedene Landesverordnungen gibt und Verkehre auch Ländergrenzen überfahren. Schließlich muss das ÖPNRV-G für die Organisation des gesamten öffentlichen Verkehrs sowohl im Kraftfahrlinienverkehr als auch im Mikro-ÖV offensiv aufgestellt werden. Die Bestell- und (grundsätzliche) Finanzierungsbefugnis wären klar auch in Richtung Mikro-ÖV niederzuschreiben. Subtile Gesetzesauslegungen zT widersprüchlicher Normen wie derzeit dürfen nicht vonnöten sein.

B. Wir laufen Gefahr, die Entwicklung zu verschlafen!

Die Herausforderungen im Verkehrssektor sind erdrückend und es ist heue angebracht, den Mobilitätssektor insgesamt im Blick zu haben und zu gestalten (Stichworte: Smart Cities, emissionsfreie Mobilität, Preisgerechtigkeit etc). Insofern behandelt dieser Beitrag nur einen kleinen Baustein im großen Komplex der Mobilitätswende. Dass dieser Baustein aber keinesfalls unwichtig ist, zeigt der Umstand, dass der deutsche Gesetzgeber rechtssichere Ermöglichung von Mikro-ÖV-Leistungen als einen Bestandteil der „Nachhaltigkeitsstrategie der Bundesregierung"[36] sieht, weil bedarfsgesteuerte Pooling-Dienste eine wichtige Funktion an der Schnittstelle zwischen

36 Zwar hat in Deutschland mittlerweile ein Regierungswechsel stattgefunden, an der grundsätzlichen Position dürfte sich aber nichts Wesentliches geändert haben. Auch die amtierende Ampelkoalition bekennt sich auf S 50 ihres Koalitionsvertrags explizit zu „digitalen Mobilitätsdiensten, innovativen Mobilitätslösungen und Carsharing".

Individualverkehr und ÖPNV darstellen. So werde „der umweltfreundliche Verkehrsträger ÖPNV sinnvoll ergänzt und insgesamt gestärkt". Mikro-ÖV-Systeme könnten zur Reduktion des städtischen Verkehrsaufkommens beitragen und die Versorgung insbesondere ländlicher Räume mit effizienteren Mobilitätsangeboten verbessern. Zudem entstünden „Impulse für innovative Verkehrslösungen".[37]

So kann hinsichtlich des Themas Mikro-ÖV auch ein Blick nach Deutschland durchaus weiterhelfen. Dabei geht es nicht darum, dortige Bestimmungen unbesehen zu übernehmen – was in Deutschland funktioniert, muss nicht auch in Österreich gut laufen. Es zeigt sich aber, dass dort rechtliche Reformen schon vor geraumer Zeit angegangen worden sind und sich heute normativ auch niederschlagen. Dabei wurde jahrelang mit Experimentierklauseln für Mischverkehre gearbeitet, und neue Verkehrsarten wurden rechtlich ermöglicht. So können wir jenseits der Grenze „Flächen-Linienverkehr" bzw „Linienbedarfsverkehre"[38] – zT terminologisch vielleicht ein Unding – ebenso finden wie „gebündelte Bedarfsverkehre".[39] Sowohl hinsichtlich der Experimentierklausel als auch bezüglich der neuen Verkehrsarten gibt es natürlich auch Kritik. Das ist bei Neuerungen normal und bringt die Sache voran. Diese Entwicklungen können wir nutzen. Allfällige Fehler müssen wir nicht noch einmal machen und könnten auf einer lebhaften und – nicht zu vergessen – viel größer und breiter dimensionierten Diskussion[40]

37 Vgl BT-Drucks 19/26175, 23 ff (26).

38 Linienbedarfsverkehr wurde nach § 44 dPBefG vom Gesetzgeber explizit als „öffentlicher Personenverkehr" in das verkehrliche System eingefügt. Er ermöglicht die „Beförderung von Fahrgästen auf vorherige Bestellung ohne festen Linienweg zwischen bestimmten Einstiegs- und Ausstiegspunkten innerhalb eines festgelegten Gebietes und festgelegter Bedienzeiten (Linienbedarfsverkehr)". Die Errichtung virtueller Haltestellen ist nicht mehr erforderlich.

39 Nach § 50 Abs 1 dPBefG ist „gebündelter Bedarfsverkehr" „die Beförderung von Personen mit Personenkraftwagen, bei der mehrere Beförderungsaufträge entlang ähnlicher Wegstrecken gebündelt ausgeführt werden". So wird das Pooling-Konzept auch außerhalb des Linienverkehrs ermöglicht.

40 Für viele in allgemeinerer Hinsicht zB *Drechsler/Litterst*, Braucht die Verkehrswende eine neue Dogmatik von Gemeingebrauch und Sondernutzung? DÖV 2022, 738. Allgemein zum ÖPNV zB *Knauff*, Modernisierung des ÖPNV-Rechts (auch) zur Förderung der Verkehrswende, Die Verwaltung 2020, 347. Detailliert zu aktuellen Einzelproblemen des ÖPNV *Saxinger*, Der Linienbedarfsverkehr als neue Form des Linienverkehrs nach der PBefG-Novelle 2021, GewArch 2022, 183; *Baumeister/Berschin*, Die Integration und Steuerung von On-Demand-Mobility (ODM) in das Personenbeförderungsgesetz, Verkehr und Technik 2020, 287; *Baumeister/Fiedler*, Atypische Liniengenehmigungen gemäß dem Personenbeförderungsgesetz für digital gesteuerte On-Demand-Verkehre in Städten und Ballungsräumen, Verkehr und Technik 2019, 17; *Grün/Sitsen/Stachurski*, Der „gebündelte Bedarfsverkehr", Der Nahverkehr 7–8/2021, 54. Vgl auch *Eickelmann*, § 33 Öffentlicher Verkehr, Multimodalität und Klimaschutz, in Rodi (Hrsg), Handbuch Klimaschutzrecht (2022) 693. Jeweils mit zahlreichen weiteren Nachweisen.

aufbauen. Denn in Wahrheit ist man bei der angestrebten Mobilitätswende gezwungen, die Verkehrsmärkte samt ihren Abgrenzungen insgesamt neu zu denken, weil gewohnte Abgrenzungsmerkmale verschwimmen und künftig nicht mehr belastbar sind. Der Gesetzgeber muss sich zB auch überlegen, was in einem Bestellmarkt möglich bzw was ihm vorbehalten sein soll.[41] Betriebs-, Beförderung- und Fahrplanpflicht, also Kernkriterien der Daseinsvorsorge im ÖPNRV, müssen ebenso neu gestaltet wie die Frage beantwortet werden, wie man mit digitalen Verkehrsdiensteplattformen umgeht, die zwar selbst keine Verkehrsleistungen erbringen, solche aber in Echtzeit vermitteln.

Angesichts der neuerlichen bzw immer noch anhaltenden Passivität des Gesetzgebers im Bereich ÖPNRV lässt sich somit neuerlich bzw immer noch abschließend die Frage stellen: Wann, wenn nicht jetzt, wäre (wieder einmal) der passende Zeitpunkt für eine umfassende Reform des Verkehrsgewerberechts im Bereich der öffentlichen Personenbeförderung?

41 Dies auch vor dem Hintergrund, dass man allenfalls nicht genau weiß, wie sich neue Verkehrsarten und -formen am Markt auswirken werden.

Vergabe- und beihilferechtlicher Rahmen für die Bestellung von Mikro-ÖV

Arnold Autengruber

Literaturverzeichnis

Antweiler, Allgemeines Vergaberecht und sektorspezifisches Sondervergaberecht im ÖPNV, NZBau 2019, 289; *Berschin*, Art 2 VO (EG) 1370/2007, in Säcker/Ganske/Knauff (Hrsg), Münchner Kommentar zum Wettbewerbsrecht – Band 4/VergabeR II[4] (2022); *Berschin*, Art 5 VO (EG) 1370/2007, in Säcker/Ganske/Knauff (Hrsg), Münchner Kommentar zum Wettbewerbsrecht – Band 4/VergabeR II[4] (2022); *Bultmann*, Dienstleistungskonzession und Dienstleistungsvertrag – warum kompliziert, wenn es auch einfach geht? NVwZ 2011, 72; *Cremer*, Art. 108 AEUV, in Callies/Ruffert (Hrsg), EUV/AEUV[6] (2022); *Dillinger/Oppel*, Das neue BVergG 2018 (2018); *Eickelmann*, § 33 Öffentlicher Verkehr, Multimodalität und Klimaschutz, in Rodi (Hrsg), Handbuch Klimaschutzrecht (2022); *Eisenhut*, Art. 108 AEUV, in Geiger/Khan/Kotzur/Kirchmair (Hrsg), EUV/AEUV[7] (2023); *Fehling*, Unionsrechtliche Grundlagen, in Heinze/Fehling/Fiedler, Personenbeförderungsrecht[2] (2014); *Fehling*, Art. 93 AEUV, in von der Groeben/Schwarze/Hatje (Hrsg), Europäisches Unionsrecht[7] (2015); *Fehling/Linke*, Einleitung, in Linke (Hrsg), VO (EG) 1370/2007 über öffentliche Personenverkehrsdienste[2] (2019); *Fehling/Niehnus*, Der europäische Fahrplan für einen kontrollierten Ausschreibungswettbewerb im ÖPNV, DÖV 2008, 662; *Fruhmann/Ziniel*, Verpflichtung zur Beschaffung und zum Einsatz sauberer Straßenfahrzeuge nach dem Straßenfahrzeug-Beschaffungsgesetz, NR 2021, 371; *Fuchs*, Die neue EG-Sektorenrichtlinie (Teil I), ZVB 2004, 208; *Gölles*, Personenverkehrsdienste mit Bussen und Straßenbahnen – Ausschreibungspflicht gem Vergabe-RL (bzw BVergG), RPA 2019, 227; *Grubmann/Punz/Vladar*, Personenbeförderungsrecht – Straße (2014); *Hagenbruch*, Anwendbarkeit der VO Nr. 1370/2007 auf die Direktvergabe in Form von Verwaltungsakten und gesellschaftsrechtlichen Weisungen, EuZW 2020, 1019; *Holoubek/Fuchs/Holzinger/Ziniel*, Vergaberecht[6] (2022); *Kahl*, Der weiterentwickelte Ausgleichsansatz in der Daseinsvorsorge, wbl 2003, 401; *Kahl*, Die neue Public Service Obligations (PSO)-Verordnung – Grundsätzliche Überlegungen zu beihilfe-, vergabe- und konzessionsrechtlichen Auswirkungen auf das nationale ÖPNRV-Recht, ZVR 2008, 83; *Kahl*, Vergaberecht und Öffentlicher Personennah- und -regionalverkehr (ÖPNRV) – die geltende Rechtslage, in Schramm/Aicher/Fruhmann (Hrsg), Kommentar zum Bundesvergabegesetz 2006 (1. Lfg, 2009); *Kahl/Rosenkranz*, Vergaberecht[3] (2019); *Kaufmann/Linke*, Art 1, in Linke (Hrsg), VO (EG) 1370/2007 über öffentliche Personenverkehrsdienste[2] (2019); *Kaufmann/Linke*, Art 2, in Linke (Hrsg), VO (EG) 1370/2007 über öffentliche Personenverkehrsdienste[2] (2019); *Knauff*, Personenbeförderungs- und vergaberechtliche Dimension der Fragestellung, in Knauff (Hrsg), Bestellung von Verkehrsleistungen im ÖPNV (2018) 9; *Knauff*, VO (EG) Nr. 1370/2007 Art. 1, in Immenga/

https://doi.org/10.33196/9783704691958-103

Mestmäcker (Hrsg), Wettbewerbsrecht[6] (2022); *Knauff*, VO (EG) Nr. 1370/2007 Art. 5, in Immenga/Mestmäcker (Hrsg), Wettbewerbsrecht[6] (2022); *Koller*, Vergaberechtliche Fragen des öffentlichen Personennahverkehrs, ÖZW 2004, 104; *Kramer/Heinrichsen*, Rechtliche Möglichkeiten für eigenwirtschaftliche Verkehre, in Knauff (Hrsg), Vorrang der Eigenwirtschaftlichkeit im ÖPNV (2017) 81; *Kramer/Heinrichsen*, Bestellung nach der Verordnung (EG) Nr. 1370/2007, in Knauff (Hrsg), Bestellung von Verkehrsleistungen im ÖPNV (2018) 63; *Linke*, Neue Verkehrsformen im Personenbeförderungsrecht – Wie wird mit On-Demand-Verkehren und Fahrdienstvermittlern künftig umgegangen? NVwZ 2021, 1001; *Linke/Prieß*, Art 5, in Linke (Hrsg), VO (EG) 1370/2007 über öffentliche Personenverkehrsdienste[2] (2019); *Maxian Rusche/Melcher*, Art 93 AEUV, in Grabitz/Hilf/Nettesheim (Hrsg), Das Recht der Europäischen Union, 62. EL (2017); *Nettesheim*, Normenhierarchien im EU-Recht, EuR 2006, 737; *Nettesheim*, Das neue Dienstleistungsrecht des ÖPNV – Die Verordnung (EG) Nr. 1370/2007, NVwZ 2009, 1449; *Öhlinger/Potacs*, EU-Recht und staatliches Recht[7] (2020); *Opitz*, Die Zukunft der Dienstleistungskonzession, NVwZ 2014, 753; *Ruffert*, AEUV Art. 288, in Callies/Ruffert (Hrsg), EUV/AEUV[6] (2022); *Schulev-Steindl/Romirer/Liebenberger*, Mobilitätswende: Klimaschutz im Verkehr auf dem rechtlichen Prüfstand (Teil II), RdU 2022, 5; *Stempkowski/Holzinger*, Im Sektorenbereich („Sektorenauftraggeber"), in Heid Schiefer Rechtsanwälte/ Preslmayr Rechtsanwälte (Hrsg), Handbuch Vergaberecht[4] (2015); *Strobl/Talasz*, § 172 BVergG, in Gast (Hrsg), Leitsatzkommentar Bundesvergabegesetz[2] (2019); *Theiner/Kromer*, Praxisfragen zum Straßenfahrzeug-Beschaffungsgesetz (Teil 1), RPA 2022, 327; *Uepermann-Wittzack*, § 89 Verkehr, in: Isensee/Kirchhof (Hrsg), Handbuch des Staatsrechts der Bundesrepublik Deutschland IV[3] (2006); *Zellhofer/Stickler*, § 169 BVergG, in Schramm/Aicher/Fruhmann (Hrsg), Kommentar zum Bundesvergabegesetz 2006 (1. Lfg, 2009); *Ziekow*, GWB Einl., in Ziekow/Völlink (Hrsg), Vergaberecht[4] (2020); *Zuck*, Art. 1 VO 1370, in Ziekow/Völlink (Hrsg), Vergaberecht[4] (2020); *Zuck*, Art. 5 VO 1370, in Ziekow/Völlink (Hrsg), Vergaberecht[4] (2020).

Inhaltsübersicht

I. Untersuchungsgegenstand

Der gegenständliche Beitrag[1] knüpft an die Ausführungen von *Christoph Schaaffkamp*[2] und *Arno Kahl* in diesem Tagungsband an und beleuchtet mit der vergabe- und beihilferechtlichen Dimension eine weitere Facette der in der Praxis auftretenden rechtlichen Herausforderungen bei der Bestellung vom Mikro-ÖV.[3]

Bedarfsverkehre stellen bekanntlich einen wichtigen Bestandteil des Mobilitätsangebots dar. Die Europäische Kommission[4] hebt in diesem Zusammenhang jüngst hervor, dass im Bereich der Personenbeförderung bedarfsorientierte Verkehrslösungen[5] öffentliche Verkehrsmittel (wie U-Bahnen, Busse und Straßenbahnen) sowie Formen der aktiven Mobilität (wie die Fortbewegung zu Fuß und Radfahren) ergänzen und nicht bloß ersetzen sollen.[6] Derartige Mobilitätsangebote zielen sohin (iSd Verringerung des Bedarfs der Inanspruchnahme privater Fahrzeuge) darauf ab, die Nutzung öffentlicher Verkehrsmittel zu erleichtern und zu steigern, indem sie die „erste und letzte Meile" von und zu den Haltestellen des öffentlichen Verkehrs bedienen. Dadurch sollen öffentliche Verkehrsmittel zu einer attraktive(re)n und bequeme(re)n Mobilitäts-Option avancieren.[7] **Mikro-ÖV** sind eine besondere Form von Bedarfsverkehren[8] auf der Straße und stellen sich – be-

---

1 Der auf der Tagung „Mobilitätswende – Verkehre unter dem Einfluss von Nachhaltigkeit und Digitalisierung" gehaltene Vortrag ist Teil eines vom Klima- und Energiefonds drittmittelgeförderten Projekts („Nachhaltige Mobilität in der Praxis") zu rechtlichen Umsetzungs- und Gestaltungsmöglichkeiten bei der Bestellung von Mikro-ÖV. Daher finden sich in dieser Schriftfassung des Vortrags zT wörtliche Überschneidungen zur nachfolgend ebenfalls im Verlag Österreich erscheinenden Publikation der vom Klima- und Energiefonds finanzierten Studie.

2 Begrifflich wird an das von *Schaaffkamp/Karl* in diesem Tagungsband herausgearbeitete Verständnis von Mikro-ÖV angeschlossen. Vgl dazu insbesondere Punkt II. in deren Beitrag (Was ist und wie funktioniert „Mikro-ÖV"?).

3 Zur bei der Bestellung von ÖPNV-Leistungen komplexen Verbindung von verkehrsgewerbe- und vergaberechtlichen Fragestellungen siehe bereits *Knauff*, Personenbeförderungs- und vergaberechtliche Dimension der Fragestellung, in Knauff (Hrsg), Bestellung von Verkehrsleistungen im ÖPNV (2018) 9.

4 Die Kommission bezieht sich in ihrer Bekanntmachung zu einem gut funktionierenden und nachhaltigen lokalen Bedarfsverkehr für die Personenbeförderung (Taxis und private Mietfahrzeuge), ABl 2022 C 62/1, vor allem auf die Herausforderungen in Bezug auf sogenannte „*Ride-Hailing*-Unternehmen".

5 Sie bezieht sich dabei auf Taxis oder private Mietfahrzeuge.

6 In diese Richtung auch der österreichische Gesetzgeber: IA 1132/A 20. GP, 23.

7 Zu alledem: Bekanntmachung der Kommission zu einem gut funktionierenden und nachhaltigen lokalen Bedarfsverkehr für die Personenbeförderung (Taxis und private Mietfahrzeuge), ABl 2022 C 62/1 (1 und 10).

8 Die Bekanntmachung der Kommission zu einem gut funktionierenden und nachhaltigen lokalen Bedarfsverkehr für die Personenbeförderung (Taxis und private Mietfahrzeuge), ABl 2022 C 62/1, legt ein weites Begriffsverständnis zu Grunde.

grifflich inhärent – als lokale und kleinregionale Systeme des öffentlichen Verkehrs dar.[9]

In erster Linie obliegt es den staatlichen Aufgabenträgern (allen voran den Gebietskörperschaften[10]), eine **ausreichende Bedienung der Bevölkerung mit Verkehrsdienstleistungen** im Bereich des öffentlichen Personennah- und Regionalverkehrs („ÖPNRV“) sicherzustellen.[11] Wie von *Kahl* herausgearbeitet, unterfällt die Bestellung von Mikro-ÖV-Diensten[12] dem Regime des ÖRNRV-G, wobei im hier interessierenden Kontext dahingestellt bleiben kann,[13] inwieweit im Rahmen der Privatwirtschaftsverwaltung vergaberechtskonform von der Verteilung der Aufgaben nach ÖPNRV-G abgewichen werden kann.[14] Als Auftraggeber von Verkehrsdienstleistungen und im Besonderen Mikro-ÖV treten idR Gebietskörperschaften[15] und Verkehrsverbundorganisationsgesellschaften[16] auf, sohin der Staat im weiten,

9 Vgl nur die Definition und die aufgezählten Funktionen von Mikro-ÖV auf der Website des BMK: https://www.bmk.gv.at/themen/mobilitaet/alternative_verkehrskonzepte/mikrooev/definition.html (Stand: 1.2.2023). In diesem Sinne mE zu weit gefasst: *Schulev-Steindl/Romirer/Liebenberger*, Mobilitätswende: Klimaschutz im Verkehr auf dem rechtlichen Prüfstand (Teil II), RdU 2022, 5 (9), die beispielsweise auch Carsharing-Konzepte zum Mikro-ÖV zählen.

10 In Frage als Besteller (Auftraggeber) von derartigen Leistungen kommen aber auch Verkehrsverbundorganisationsgesellschaften. Vgl nur § 18 Abs 1 Z 9 ÖPNRV-G (Öffentlicher Personennah- und Regionalverkehrsgesetz 1999; BGBl I 1999/204 idF BGBl I 2015/59). Dazu *Grubmann/Punz/Vladar*, Personenbeförderungsrecht – Straße (2014) § 18 ÖPNRV-G 1999, Anm 1. Siehe insbesondere auch VwGH 16.12.2015, Ra 2015/04/0071. Nach *Kahl*, Vergaberecht und Öffentlicher Personennah- und -regionalverkehr (ÖPNRV) – die geltende Rechtslage, in Schramm/Aicher/Fruhmann (Hrsg), Kommentar zum Bundesvergabegesetz 2006 (1. Lfg, 2009) Rz 7, sind Verkehrsverbundorganisationsgesellschaften allerdings keine (originär zuständigen) Aufgabenträger.

11 In diesem Sinne *Eickelmann*, § 33 Öffentlicher Verkehr, Multimodalität und Klimaschutz, in Rodi (Hrsg), Handbuch Klimaschutzrecht (2022) Rz 10. Vgl die §§ 7ff ÖPNRV-G. Siehe auch *Uepermann-Wittzack*, § 89 Verkehr, in: Isensee/Kirchhof (Hrsg), Handbuch des Staatsrechts der Bundesrepublik Deutschland IV[3] (2006) Rz 1, der im Kontext der Daseinsvorsorge das öffentliche Interesse an einer gleichmäßig-flächendeckenden Versorgung mit Verkehrsnetzen und -dienstleistungen zu sozial verträglichen Bedingungen und Preisen betont.

12 Insbesondere in Gestalt alternativer Kraftfahrlinienverkehre sowie alternativer Gelegenheitsverkehre.

13 Dies im Lichte des Umstandes, dass die Qualifikation des jeweiligen Bestellers von Verkehrsleistungen als Auftraggeber am Maßstab der vergaberechtlichen Bestimmungen zu erfolgen hat.

14 Weiterführend dazu in diesem Tagungsband: *Kahl*, Mikro-ÖV im aktuellen verkehrsgewerberechtlichen Rahmen und Anpassungsbedarf, Punkt IV.

15 Siehe nur LVwG NÖ 28.6.2019, LVwG-VG-2/002-2019 zu bedarfsorientierten Bestellverkehren im Stadtgebiet.

16 Dazu (übertragbar) hinsichtlich der Vergabe von Verkehrsdienstleistungen mwN: VwGH 16.12.2015, Ra 2015/04/0071.

funktionalen Sinne. Die Umsetzung einer rechtskonformen Bestellung derartiger Verkehrsdienstleistungen stellt die betroffenen Akteure jedoch regelmäßig vor große Herausforderungen, die bereits auf sehr grundlegender Ebene die Bestimmung des anzuwendenden Vergaberegimes (und die Behandlung damit einhergehender beihilferechtlicher Fragestellungen), sohin des maßgeblichen Rechtsrahmens, betreffen.[17] Diesem Themenkomplex widmet sich die vorliegende Abhandlung.

II. Rechtliche Bestandsaufnahme

Öffentliche Beschaffungsvorgänge können bekanntlich nicht ohne Weiteres vorgenommen werden, sondern unterliegen den verfahrensrechtlichen Regeln und materiell-rechtlichen Kriterien des Vergaberechts. Den für die Bestellung von Verkehrsdienstleistungen einschlägigen Rechtsrahmen bildet dabei in Österreich neben dem BVergG[18] und dem BVergGKonz[19] vor allem auch die unmittelbar geltende PSO-VO[20], die neben vergabe- auch beihilferechtliche Implikationen aufweist. Bereits dieser erste Blick in den Rechtsbestand lässt in Hinblick auf sogleich darzustellende Überschneidungspotentiale beim Geltungsbereich bestimmte Hürden in der praktischen Anwendung vermuten. Zu Beginn der Untersuchung liegt daher eine kursorische Darstellung des bestehenden Rechtsrahmens nahe.

A. BVergG und BVergGKonz

Das **BVergG** – als Umsetzungsrechtsakt der unionsrechtlichen Vergabevorschriften, insbesondere der Richtlinien 2014/24/EU („VergabeRL 2014“) und 2014/25/EU („SektorenRL 2014“) – regelt[21] nach seinem § 1 Z 1 ua die Verfahren zur Beschaffung von Leistungen (im Wege von Vergabeverfahren) im

---

17 In diesem Sinne auch *Knauff*, Dimension 13.

18 Bundesvergabegesetz 2018, BGBl I 2018/65 idF BGBl II 2019/91. Dies setzt neben den Rechtsmittelrichtlinien vor allem die Richtlinie 2014/24/EU (ABl 2014 L 94/65) sowie die Richtlinie 2014/25/EU (ABl 2014 L 94/243) um.

19 Bundesvergabegesetz Konzessionen 2018, BGBl I 2018/65 idF BGBl I 2018/100. Dieses Gesetz wurde insbesondere in Umsetzung der Richtlinie 2014/23/EU (ABl 2014 L 94/1) erlassen.

20 Verordnung (EG) 1370/2007 des Europäischen Parlaments und des Rates vom 23. Oktober 2007 über öffentliche Personenverkehrsdienste auf Schiene und Straße und zur Aufhebung der Verordnungen (EWG) 1191/69 und (EWG) 1107/70 des Rates, ABl 2007 L 315/1 idF Verordnung (EU) 2016/2338 des Europäischen Parlaments und des Rates vom 14. Dezember 2016 zur Änderung der Verordnung (EG) 1370/2007 hinsichtlich der Öffnung des Marktes für inländische Schienenpersonenverkehrsdienste, ABl 2016 L 354/22.

21 Im hier insbesondere interessierenden 2. Teil des Gesetzes.

öffentlichen Bereich.[22] Dazu zählt mit Blick auf die erfassten Auftragsarten neben der Vergabe von Bau- und Lieferleistungen auch die Vergabe von öffentlichen Dienstleistungsaufträgen.[23] In Bezug auf den ÖPNRV und dort im Besonderen Verkehrsdiensteverträge identifiziert *Kahl* das Vorliegen eines Dienstleistungsauftrags als den Regelfall in Österreich.[24]

Das **BVergGKonz** trifft in Umsetzung insbesondere der Richtlinie 2014/23/EU („KonzessionsRL") seinem § 1 Z 1 zufolge Regelungen für Verfahren zur Vergabe von Konzessionsverträgen (nämlich sowohl Bau-, als auch Dienstleistungskonzessionen) durch Auftraggeber.[25] Unter Dienstleistungskonzessionen werden dabei entgeltliche Verträge verstanden, mit denen ein oder mehrere Auftraggeber einen oder mehrere Unternehmer mit der Erbringung und der Durchführung von Dienstleistungen, die keine Bauleistungen sind, betrauen, wobei die Gegenleistung entweder allein in dem Recht zur Verwertung der vertragsgegenständlichen Dienstleistungen oder in diesem Recht zuzüglich der Zahlung eines Preises besteht.[26] Dass Dienstleistungskonzessionen im Bereich öffentlicher Verkehrsdienste als weitere Ausgestaltungsform einer Beauftragung vorkommen können, illustriert die Entscheidung des EuGH in der Rs *ANAV*.[27] Im Einzelfall kann sich die exakte Abgrenzung zwischen Dienstleistungsauftrag und Dienstleistungskonzession jedoch als komplex erweisen.[28]

Unterliegt ein Beschaffungsvorhaben eines (öffentlichen) Auftraggebers[29] den Bestimmungen des BVergG oder des BVergGKonz sind prinzipiell die

---

22 Dies freilich nur dann, wenn die beschaffenden Stellen als Auftraggeber dem persönlichen Geltungsbereich des Gesetzes (§ 4 BVergG) unterliegen.

23 Nach § 7 BVergG handelt es sich bei Dienstleistungsaufträgen um entgeltliche Verträge, die (als Residualgröße der drei im BVergG angelegten Auftragskategorien) keine Bau- oder Lieferaufträge iSd §§ 5 und 6 BVergG sind. Der im Lichte der Rechtsprechung des EuGH auszulegende Dienstleistungsbegriff ist damit gegenüber den Begriffen der Bau- bzw Lieferaufträge subsidiär – es kommt ihm somit eine Auffangfunktion zu.

24 *Kahl*, Vergaberecht, Rz 8.

25 Zum Auftraggeberbegriff vgl § 4 Abs 1 BVergGKonz.

26 Zu Dienstleistungskonzessionen zB *Opitz*, Die Zukunft der Dienstleistungskonzession, NVwZ 2014, 753 oder *Bultmann*, Dienstleistungskonzession und Dienstleistungsvertrag – warum kompliziert, wenn es auch einfach geht? NVwZ 2011, 72.

27 EuGH 6.4.2006, Rs C-410/04, *Associazione Nazionale Autotrasporto Viaggiatori (ANAV) / Comune di Bari und AMTAB Servizio SpA*, ECLI:EU:C:2006:237.

28 Vgl dazu im Bereich von öffentlichen Busverkehrsdienstleistungen EuGH 10.11.2011, Rs C-348/10, *Norma-A SIA und Dekom SIA / Latgales plānošanas reģions*, ECLI:EU:C:2011:721. Weiterführend bereits, jedoch im Ergebnis hinsichtlich Verkehrsdiensteverträgen zweifelnd: *Kahl*, Vergaberecht, Rz 14ff.

29 Zum persönlichen Geltungsbereich des BVergG vgl dessen §§ 4 und 166ff. Siehe weiters § 4 BVergGKonz. Die PSO-VO stellt auf den autonom auszulegenden Begriff der „zuständigen Behörde" iSd Art 2 lit b PSO-VO ab. Vgl dazu insbesondere Art 3 Abs 1 PSO-VO: *„Gewährt eine zuständige Behörde dem ausgewählten Betreiber aus-*

darin festgelegten Vorgaben in Bezug auf die Wahl und Ausgestaltung des Vergabeverfahrens einzuhalten. Abhängig vom geschätzten Auftragswert gelangen dabei mehr oder weniger strenge Anforderungen zur Anwendung.[30]

BVergG bzw BVergGKonz weisen freilich enge Verzahnungen mit der PSO-VO auf.[31] In Bezug auf die Vergabe von Dienstleistungsaufträgen über die Erbringung von öffentlichen Personenverkehrsdiensten auf der Straße nach Maßgabe der PSO-VO treffen § 4 Abs 4 und § 182 BVergG beispielsweise besondere, vertraglich abzusichernde Anforderungen hinsichtlich des Kaufs von (emissionsarmen) Straßenfahrzeugen durch Betreiber von öffentlichen Personenverkehrsdiensten.[32]

B. PSO-VO

Die unmittelbar und ohne weitere Umsetzungsakte geltende PSO-VO stützt sich primärrechtlich auf die Regelungsermächtigung aus dem Verkehrstitel des AEUV (heute Art 91 AEUV) sowie die Ermächtigung zur Erlassung von Durchführungsverordnungen im Beihilferecht (heute Art 109 AEUV).[33] Sie wurzelt damit im Beihilferecht, dient aber (im Spannungsverhältnis von Liberalisierung einerseits und der Sicherstellung von Dienstleistungen im allgemeinen wirtschaftlichen Interesse andererseits) gleichsam der Etablierung eines fairen Marktzugangs im Bereich öffentlicher Personenbeförderungsdienste. Zentraler Regelungspunkt ist insoweit nicht nur die beihilferechtlich zulässige Gewährung von Vorteilen, sondern auch die damit in Zusammen-

---

schließliche Rechte und/oder Ausgleichsleistungen gleich welcher Art für die Erfüllung gemeinwirtschaftlicher Verpflichtungen, so erfolgt dies im Rahmen eines öffentlichen Dienstleistungsauftrags.“

30 Weiterführend zu alledem beispielsweise *Kahl/Rosenkranz*, Vergaberecht[3] (2019) oder *Holoubek/Fuchs/Holzinger/Ziniel*, Vergaberecht[6] (2022).

31 Siehe nur die §§ 2 Z 15 lit a sublit gg, 4 Abs 4, 151 Abs 2, 182, 312 Abs 2 und 366 Z 2 BVergG sowie §§ 2 Z 11 lit a sublit aa, 25 Abs 2 und 109 Z 2 BVergGKonz.

32 Vgl nunmehr auch die spezialgesetzlichen Regelungen des Bundesgesetzes über die Beschaffung und den Einsatz sauberer Straßenfahrzeuge (Straßenfahrzeug-Beschaffungsgesetz; „SFBG“), BGBl I 2021/163. Zur Verzahnung mit dem ÖPNV beachte insbesondere § 3 Z 2 und 3 SFBG. Im hier interessierenden Kontext besonders hervorzuheben ist, dass auch im Rahmen der Bedarfspersonenbeförderung (nach CPV-Code 60140000-1) das SFBG Geltung beansprucht (vgl § 3 Z 3 iVm Anhang II SFBG). Weiterführend zum SFBG zB *Fruhmann/Ziniel*, Verpflichtung zur Beschaffung und zum Einsatz sauberer Straßenfahrzeuge nach dem Straßenfahrzeug-Beschaffungsgesetz, NR 2021, 371 sowie der Beitrag von *Gast/Gleinser* in diesem Tagungsband.

33 Daneben werden in den ErwGr der PSO-VO auch die heutigen Art 14 AEUV, Art 106 Abs 2 AEUV sowie Art 93 AEUV genannt. Art 93 AEUV als zusätzlicher Ausnahmetatbestand greift freilich nur dort, wo Beihilfen iSd Art 107 AEUV vorliegen. Vgl dazu schon EuGH 12.10.1978, Rs 156/77, *Kommission/Belgien*, ECLI:EU:C:1978:180, Rn 9 ff.

hang stehende Vergabe öffentlicher (Verkehrs-)Dienstleistungsaufträge.[34] Dies verdeutlicht auch Art 1 Abs 1 PSO-VO, wonach in der Verordnung festgelegt wird, *„unter welchen Bedingungen die zuständigen Behörden*[35] *den Betreibern eines öffentlichen Dienstes eine Ausgleichsleistung für die ihnen durch die Erfüllung der gemeinwirtschaftlichen Verpflichtungen verursachten Kosten und/oder ausschließliche Rechte im Gegenzug für die Erfüllung solcher Verpflichtungen gewähren, wenn sie ihnen gemeinwirtschaftliche Verpflichtungen auferlegen oder entsprechende Aufträge vergeben.“*[36] Zweck der PSO-VO ist es demnach festzulegen, *„wie die zuständigen Behörden unter Einhaltung des [Unions-]rechts im Bereich des öffentlichen Personenverkehrs tätig werden können, um die Erbringung von Dienstleistungen von allgemeinem Interesse zu gewährleisten, die unter anderem zahlreicher, sicherer, höherwertig oder preisgünstiger sind als diejenigen, die das freie Spiel des Marktes ermöglicht hätte“.*

Im Lichte dieser allgemeinen Zielsetzungen sieht Art 5 PSO-VO ein **sektorspezifisches Sondervergaberegime** für die Beschaffung öffentlicher Personenverkehrsdienste durch die zuständige Behörde[37] vor.[38] Die darüber hinaus gegebene beihilferechtliche Dimension der PSO-VO verdeutlicht ihr Art 9, der in seinem Abs 1 eine Befreiung von der Notifizierungspflicht des Art 108 Abs 3 AEUV[39] von in Einklang mit der Verordnung gewährte Ausgleichszahlungen vorsieht.[40]

34 *Fehling/Linke*, Einleitung, in Linke (Hrsg), VO (EG) 1370/2007 über öffentliche Personenverkehrsdienste[2] (2019) Rz 80.

35 Der Begriff der „zuständigen Behörde“ iSd Art 2 lit b PSO-VO ist funktional zu verstehen und umfasst nicht nur Behörden im verwaltungsverfahrens- und verwaltungsorganisationsrechtlichen Sinne, sondern idR die zum Aufgabenträger bestimmten Gebietskörperschaften.

36 In diesem Sinne konkretisiert der Anhang der PSO-VO auch die *Altmark*-Kriterien, die der EuGH in der Rs C-280/00, *Altmark Trans*, ECLI:EU:C:2003:415, entwickelt hat. ZB *Fehling*, Unionsrechtliche Grundlagen, in Heinze/Fehling/Fiedler, Personenbeförderungsrecht[2] (2014) Rz 25. Grundlegend zu den Kriterien bereits *Kahl*, Der weiterentwickelte Ausgleichsansatz in der Daseinsvorsorge, wbl 2003, 401.

37 Art 2 lit b PSO-VO. Vgl auch Art 3 Abs 1 PSO-VO.

38 So zB *Zuck*, Art. 5 VO 1370, in Ziekow/Völlink (Hrsg), Vergaberecht[4] (2020) Rz 1 f.

39 Dazu statt vieler *Cremer*, Art. 108 AEUV, in Callies/Ruffert (Hrsg), EUV/AEUV[6] (2022) Rz 8 f und *Eisenhut*, Art. 108 AEUV, in Geiger/Khan/Kotzur/Kirchmair (Hrsg), EUV/AEUV[7] (2023) Rz 11 ff.

40 Art 9 Abs 2 PSO-VO regelt zudem, dass im Verkehrssektor auch außerhalb der Verordnung Beihilfen gewährt werden können.

C. Überschneidungen von BVergG/BVergGKonz und PSO-VO hinsichtlich des persönlichen Geltungsbereichs

Als **Besteller von Verkehrsdienstleistungen** treten regelmäßig (öffentliche) Auftraggeber[41] iSd BVergG und BVergGKonz (bzw iSd PSO-VO „zuständige Behörden"[42]) auf. Nach den im ÖPNRV-G festgelegten organisatorischen und finanziellen Grundlagen für den Betrieb des öffentlichen Personennah- und -regionalverkehrs kommen neben Verkehrsverbundorganisationsgesellschaften[43] vor allem Länder und Gemeinden[44] als Auftraggeber von Mikro-ÖV-Diensten in Frage.[45] Diese Besteller sind – dem funktionalen Ansatz der PSO-VO folgend – als zur Intervention im öffentlichen Personenverkehr berufene Stellen typischerweise auch zuständige Behörden[46] iSd Art 2 lit b leg cit.[47] Damit treten sie (hinsichtlich der persönlichen Geltungsbereiche der Rechtsgrundlagen) in einer Doppelfunktion auf: einerseits als (öffentliche) Auftraggeber iSd BVergG bzw des BVergGKonz und zugleich als zuständige Behörden iSd PSO-VO. Mit dieser Qualifikation einher geht, dass für sie bei Beschaffungsvorhaben prinzipiell beide Regelungskomplexe beachtlich sind.

D. Ergebnis

Als Ergebnis dieser ersten rechtlichen Bestandsaufnahme zeigt sich, dass der Rechtsrahmen für die Beschaffung von öffentlichen Personenverkehrsdienstleistungen von einer Parallelität zweier Rechtsregime geprägt ist: einerseits

41 Zum persönlichen Geltungsbereich des BVergG vgl dessen §§ 4 und 166 ff. Siehe weiters § 4 BVergGKonz.

42 Art 2 lit b PSO-VO.

43 Dazu (übertragbar) hinsichtlich der Vergabe von Verkehrsdienstleistungen mwN: VwGH 16.12.2015, Ra 2015/04/0071 sowie VwGH 9.4.2013, 2011/04/0042. Weiterführend dazu bereits oben bei Punkt I.

44 ZB LVwG NÖ 28.6.2019, LVwG-VG-2/002-2019 zu bedarfsorientierten Bestellverkehren (Anrufsammeltaxis) im Stadtgebiet, wobei Auftraggeber hier die Stadtgemeinde selbst war.

45 Vgl insbesondere §§ 11 und 13 ÖPNRV-G. Siehe auch VwGH 8.9.2011, 2011/03/0102 (VwSlg 18202 A/2011), worin die Aufgabe (ua) der Länder betont wird, eine nachfrageorientierte Planung der Verkehrsdienstleistungen vorzunehmen, und darauf hingewiesen wird, dass – soweit die Länder als Besteller von Verkehrsdienstleistungen auftreten – diese auch Verpflichtungen aufgrund der PSO-VO bzw des Vergaberechts unterliegen.

46 Diese Qualifikation gilt auch für Verkehrsverbundorganisationsgesellschaften. Vgl auch VwGH 21.11.2018, Ra 2016/04/0115 iVm EuGH 20.9.2018, Rs C-518/17, *Stefan Rudigier*, ECLI:EU:C:2018:757, Rn 26 und 28, die sich hinsichtlich der Salzburger Verkehrsverbund GmbH mit die zuständige Behörde treffende Veröffentlichungspflichten nach Art 7 Abs 2 PSO-VO auseinandersetzen.

47 Handlungsinstrument der zuständigen Behörden sind nach Art 3 Abs 1 PSO-VO öffentliche Dienstleistungsaufträge.

die dem Binnenmarktkapitel des AEUV entstammenden (und in nationales Recht umgesetzten) vergaberechtlichen Bestimmungen des BVergG bzw des BVergGKonz und andererseits die (auch beihilferechtliche Aspekte behandelnden) Vorschriften der PSO-VO. Daraus ergeben sich für öffentliche Auftraggeber (bzw zuständige Behörden) zwangsläufig Abgrenzungsfragen bei der Bestellung von Personenverkehrsdienst- und insbesondere Mikro-ÖV-Leistungen. Die einschlägigen Normen stehen freilich nicht beziehungslos nebeneinander, sondern finden sich Anhaltspunkte für die Bestimmung des anzuwendenden Regelwerks. Der Frage, ob nun das allgemeine Vergaberegime oder das sektorspezifische Sondervergaberecht der PSO-VO zur Anwendung gelangt, widmet sich der folgende Abschnitt.

III. Die Vergabe von Mikro-ÖV-Diensten

A. Anwendungsbereich der PSO-VO

Die PSO-VO umschreibt in Art 1 Abs 2 ihren (sachlichen) Anwendungsbereich. Demnach gilt sie – im hier interessierenden Kontext – grundsätzlich[48] für den innerstaatlichen und grenzüberschreitenden Personenverkehr mit der Eisenbahn und andere Arten des Schienenverkehrs sowie auf der Straße. Trotz terminologischer Ungenauigkeit der deutschen Sprachfassung[49] wird die PSO-VO mit „Personenverkehren" auf die Legaldefinition „öffentlicher Personenverkehre" in Art 2 lit a leg cit *(„Personenbeförderungsleistungen von allgemeinem wirtschaftlichem Interesse, die für die Allgemeinheit diskriminierungsfrei und fortlaufend erbracht werden")* abstellen.[50] Damit erfasst werden nach *Kaufmann/Linke* sämtliche **passiv erfolgenden Transporte**

48 Ausnahmen bestehen für Verkehrsdienste, die hauptsächlich aus Gründen historischen Interesses oder zu touristischen Zwecken betrieben werden. Art 1 Abs 3 PSO-VO enthält zudem eine Ausnahme für öffentliche Baukonzessionen (nunmehr) iSd Art 5 Abs 1 lit a KonzessionsRL. Vgl dazu Punkt 2.1.1. der Mitteilung der Kommission über die Auslegungsleitlinien zu der Verordnung (EG) Nr. 1370/2007 über öffentliche Personenverkehrsdienste auf Schiene und Straße, ABl 2014 C 92/1 (in der Folge „Auslegungsleitlinie zur PSO-VO"), womit va die Errichtung der Infrastruktur für Verkehrsleistungen im Konzessionswege (zB durch Einräumung von Nutzungsrechten) der KonzessionsRL unterliegt.

49 Klarer insoweit die gleichermaßen authentische englische Sprachfassung der PSO-VO, die sowohl in Art 1 Abs 2, als auch Art 2 lit a die Formulierung *„public passenger transport"* verwendet. Die italienische Sprachfassung stellt jeweils auf *„trasporto pubblico di passegger"* ab. Differenzierend in der exakten Formulierung, aber auch auf öffentlichen Transport abstellend die spanische *(„servicios públicos de transporte de viajeros")* und die französische *(„services publics de transport de voyageurs")* Fassung.

50 In diesem Sinne offensichtlich auch *Kaufmann/Linke*, Art 1, in Linke (Hrsg), VO (EG) 1370/2007 über öffentliche Personenverkehrsdienste² (2019) Rz 40. Siehe auch *Zuck*, Art. 1 VO 1370, in Ziekow/Völlink (Hrsg), Vergaberecht⁴ (2020) Rz 6.

eines Fahrgastes (iSe Fremdbeförderung[51]), wenn sie allgemein zugänglich[52] und im allgemeinen wirtschaftlichen Interesse[53] **fortlaufend erbracht** werden, wobei letztgenannte Voraussetzung neben klassischen Linienverkehren auch von Anrufsammeltaxis und alternativen Bedienformen als Substitut für den Linienverkehr erfüllt werden kann.[54] Diesbezüglich restriktiver zeigte sich allerdings die Europäischen Kommission in einer Entscheidung vom 4. 6. 2015.[55] Darin setzt sie sich mit ***„on-demand-dial-a-ride"*-Leistungen** auseinander und erläutert, dass Dienstleistungen, die nicht der Allgemeinheit, sondern nur bestimmten Bevölkerungsgruppen, wie behinderten, älteren oder gebrechlichen Personen angeboten werden, sowie Dienstleistungen, die auf Anfrage und (als hier interessierendes Merkmal) nicht fortlaufend[56] nach festen Fahrplänen angeboten werden, nicht unter die Definition des Art 2 lit a PSO-VO fallen würden.[57] Letztlich vermag diese Auffassung der Europäischen Kommission hinsichtlich *on-demand*-Verkehren, die „nicht fortlaufend nach festen Fahrplänen" angeboten werden, jedoch nicht zu überzeugen.[58] Dies schon deshalb, weil diese Auslegungsvariante dem Begriff des „öffentlichen Personenverkehrs" mit der Anknüpfung an das Erfordernis eines festen Fahrplans[59] ein Kriterium zusinnt, das dem Wortlaut der PSO-VO nicht zu entnehmen ist. Die PSO-VO stellt lediglich auf eine fortlaufende Erbringung ab. Dies im Sinne „verlässlicher und stabiler Dienste" (als Abgrenzung zu einmaligen oder zufälligen Verkehrsformen).[60]

---

51 Womit beispielsweise Carsharing-Angebote ausscheiden.

52 Damit scheiden Werkverkehre oder ausschließliche Schülertransporte aus.

53 Der Bezug dieser Formulierung zu Art 106 Abs 2 AEUV ist augenscheinlich.

54 *Kaufmann/Linke*, Art 2, in Linke (Hrsg), VO (EG) 1370/2007 über öffentliche Personenverkehrsdienste[2] (2019) Rz 5 ff.

55 Kommissionsentscheidung zu C(2015) 3657 final, State Aid SA.34403 (2015/NN) (ex 2012/CP) – United Kingdom – Alleged unlawful State aid granted by Nottinghamshire and Derbyshire County Councils to community transport organisations.

56 Der in der englischen Sprachfassung verwendete Begriff *„continuous"* entspricht im Deutschen eher dem Erfordernis einer „kontinuierlichen" Erbringung. Die authentische deutsche Sprachfassung der PSO-VO verwendet aber den Begriff „fortlaufend".

57 Vgl Rn 55 (FN 16) der Entscheidung: *„According to Article 2(a), ‚public passenger transport' means passenger transport services of general economic interest provided to the public on a non-discriminatory and continuous basis. Services that are offered only to certain sections of society, such as disabled, elderly or infirmed persons, instead of the public at large, and services that are offered on demand and not continuously according to fixed timetables do not fall under that definition."*

58 Kritisch auch *Berschin*, Art 2 VO (EG) 1370/2007, in Säcker/Ganske/Knauff (Hrsg), Münchner Kommentar zum Wettbewerbsrecht – Band 4/VergabeR II[4] (2022) Rz 1. AA jedoch offensichtlich *Maxian Rusche/Melcher*, Art 93 AEUV, in Grabitz/Hilf/Nettesheim (Hrsg), Das Recht der Europäischen Union, 62. EL (2017) Rz 84.

59 In der Entscheidung lautet es *„continuously according to fixed timetables"*.

60 *Berschin*, Art 2 VO (EG) 1370/2007, Rz 7. Siehe auch *Kaufmann/Linke*, Art 2, Rz 8.

Im Ergebnis sprechen für mich die besseren Gründe dafür, Mikro-ÖV[61] (je nach konkreter Ausgestaltung[62]) als fortlaufend erbrachte Personenbeförderungsleistungen einzustufen, sodass sie grundsätzlich dem sachlichen Anwendungsbereich der PSO-VO unterfallend, sofern die übrigen Merkmale eines öffentlichen Personenverkehrs im Einzelnen erfüllt sind.[63]

B. Die PSO-VO als sektorspezifisches Sondervergaberecht

Art 5 PSO-VO regelt, nach welchem vergaberechtlichen Bestimmungen und wie im Detail (öffentliche) Dienstleistungsaufträge vergeben werden. Es werden sohin nicht nur die einschlägig anwendbaren Vergaberegelungen abgegrenzt (dazu sogleich bei den Punkten III.C. und III.D.), sondern auch konkrete Anforderungen an die (va gemäß PSO-VO) durchzuführenden Verfahren aufgestellt. Die Bestimmung bildet damit den zentralen Anknüpfungspunkt des sektorspezifischen Sondervergaberegimes im Bereich des öffentlichen Personenverkehrs.

Konkret trifft die PSO-VO (neben in diesem Beitrag nicht weiter vertieften schienenpersonenverkehrsbezogenen Sonderbestimmungen) **Regelungen für folgende Beauftragungsformen:**[64]

61 Auch in Form von Dienstleistungen, die auf Anfrage und nicht nach festen Zeitplänen angeboten werden.

62 Differenzierend *Fehling*, Art. 93 AEUV, in von der Groeben/Schwarze/Hatje (Hrsg), Europäisches Unionsrecht[7] (2015), Rz 10, der unter den „öffentlichen" (und damit für die Allgemeinheit bestimmten) Personenverkehr iSd PSO-VO auch Anruf-Sammel-Taxen als funktionales Äquivalent für andere Linienverkehre einreiht, nicht jedoch „normale" Taxen, weil sich die einzelne Taxenfahrt wegen des vom Fahrgast bestimmten Zielorts als Individualverkehr darstellen würde.

63 Siehe auch *Knauff*, VO (EG) Nr. 1370/2007 Art. 1, in Immenga/Mestmäcker (Hrsg), Wettbewerbsrecht[6] (2022) Rz 76 ff, der Verkehrsvermittlung und neue Verkehrsangebote (iSv atypischen landgebundenen Verkehren) uU auch von der PSO-VO erfasst identifiziert.

64 Mit Blick auf das notwendige Vorliegen eines „öffentlichen Dienstleistungsauftrags" iSd Art 2 lit i PSO-VO (und der damit begrifflich erforderlichen Erbringung unter „gemeinwirtschaftlichen Verpflichtung" iSd Art 2 lit e PSO-VO) als Anknüpfungsmerkmal für die Einschlägigkeit des sektorspezifischen Sondervergaberechts der PSO-VO (also Konstellationen, in denen die zuständige Behörde dem ausgewählten Betreiber ausschließliche Rechte und/oder Ausgleichsleistungen gleich welcher Art für die Erfüllung gemeinwirtschaftlicher Verpflichtungen gewährt), werden Verkehrsleistungen ohne staatliche Zuschüsse und ohne die Verleihung von ausschließlichen Rechten (aufgrund eines freien Wettbewerbs *im* Markt, sodass ein Ausschreibungswettbewerb *um* den Markt nicht erforderlich ist) nicht nach der PSO-VO vergeben. Vgl dazu bereits *Fehling/Niehnus*, Der europäische Fahrplan für einen kontrollierten Ausschreibungswettbewerb im ÖPNV, DÖV 2008, 662 (663). Nur der Vollständigkeit halber sei das Instrument der allgemeinen Vorschrift iSd Art 3 Abs 2 PSO-VO erwähnt (vgl zur Legaldefinition Art 2 lit l PSO-VO). Hierbei trifft die zuständige Behörde jedoch keine individuelle Vereinbarung mit einem konkreten Betreiber, sondern greift vielmehr auf abstrakte Regelungen zurück, um gemeinwirtschaftliche Verpflichtungen – auch

- Durchführung eines wettbewerblichen Vergabeverfahrens;[65]
- Eigenerbringung durch die (zuständige) Behörde[66] und Direktvergabe[67] an einen internen Betreiber;[68]
- Direktvergaben[69] von Bagatellaufträgen;[70]
- Direktvergaben[71] im Fall einer Unterbrechung eines Verkehrsdienstes oder bei unmittelbarer Gefahr des Eintretens einer solchen Situation (Notmaßnahmen-Regelung).[72]

Der Regelungsgehalt der PSO-VO geht in der Folge aber über die Festlegung einer reinen Verfahrensordnung für die Beschaffung von Leistungen im öffentlichen Personenverkehr hinaus.[73] So ergeben sich die inhaltlichen Anforderungen an einen nach diesem Regelungsregime vergebenen öffentlichen Dienstleistungsauftrag aus Art 4 PSO-VO.

C. Das Verhältnis von PSO-VO und BVergG

1. Im Allgemeinen

Als zentrale Bestimmung des Sondervergaberegimes im Bereich des öffentlichen Personenverkehrs ordnet Art 5 Abs 1 S 1 PSO-VO in grundsätzlicher Hinsicht an, dass **öffentliche Dienstleistungsaufträge** „nach Maßgabe dieser Verordnung“ vergeben werden. Referenziert wird dabei auf den weiten und mit dem „klassischen Vergaberecht“ der Vergaberichtlinien (und damit auch des BVergG) nicht deckungsgleichen[74] Begriff des öffentlichen Dienstleistungsauftrages in Art 2 lit i PSO-VO. Hierbei handelt es sich (verkürzt) um eine Übereinkunft zwischen einer zuständigen Behörde und einem Betreiber, die die Erbringung von – gemeinwirtschaftlichen Verpflichtungen[75]

---

abseits von der Festlegung von Höchsttarifen – festzulegen. Siehe dazu zB *Kramer/Heinrichsen*, Rechtliche Möglichkeiten für eigenwirtschaftliche Verkehre, in Knauff (Hrsg), Vorrang der Eigenwirtschaftlichkeit im ÖPNV (2017) 81 (84).

65 Art 5 Abs 3 PSO-VO.

66 Vgl Art 2 lit b PSO-VO.

67 Art 2 lit h PSO-VO.

68 Art 5 Abs 2 PSO-VO. Zum Begriff des „internen Betreibers“ vgl Art 2 lit j PSO-VO.

69 Art 2 lit h PSO-VO.

70 Art 5 Abs 4 PSO-VO.

71 Art 2 lit h PSO-VO.

72 Art 5 Abs 5 PSO-VO.

73 Das ist freilich etwas, was dem Vergaberecht nicht fremd ist. Auch das BVergG trifft Regelungen in Hinblick auf die Ausgestaltung der ausgeschriebenen Verträge. Vgl beispielsweise die „Checkliste“ in § 110 BVergG sowie (verbindlicher) § 111 BVergG.

74 Dass die Begriffe des „öffentlichen Dienstleistungsauftrags“ iSd PSO-VO und des „(öffentlichen) Dienstleistungsauftrags“ iSd Vergaberichtlinien sich überschneiden können, ist evident.

75 Vgl Art 2 lit e PSO-VO.

unterliegenden – öffentlichen Personenverkehrsdiensten[76] zum Gegenstand hat, wobei der Auftrag im Wege eines Vertrages, aber auch durch einen Hoheitsakt erteilt werden kann.[77]

Von dem dargestellten Grundsatz besteht jedoch eine bedeutende **Ausnahme:**[78] (Öffentliche) Dienstleistungsaufträge[79] gemäß der Definition in der VergabeRL 2014[80] oder der SektorenRL 2014[81] für öffentliche Personenverkehrsdienste mit Bussen und Straßenbahnen werden nach Art 5 Abs 1 S 2 PSO-VO gemäß den in jenen Richtlinien vorgesehenen Verfahren vergeben.[82] Dies hat zur Folge, dass auf derartige Vergabeverfahren Art 5 Abs 2 bis 6 PSO-VO nicht anwendbar ist.

So klar diese Aussagen der PSO-VO wirken mögen, so anspruchsvoll ist die Abgrenzung im Detail. Zumindest irreführend wirkt hier insbesondere die Tabelle mit einer „Übersicht über die für die Auftragsvergabe geltenden Rechtsgrundlagen, je nach Art der vertraglichen Vereinbarung und Beförderungsart" in Punkt 2.1.1. der Auslegungsleitlinie zur PSO-VO:

Öffentliche Personenverkehrsdienste mit	(Öffentliche) Dienstleistungsaufträge gemäß den Richtlinien 2014/24/EU und 2014/25/EU	Dienstleistungskonzessionen gemäß der Richtlinie 2014/23/EU
Bus und Straßenbahn	Richtlinien 2014/24/EU und 2014/25/EU	Verordnung (EG) Nr. 1370/2007
Eisenbahn und Untergrundbahn	Verordnung (EG) Nr. 1370/2007	Verordnung (EG) Nr. 1370/2007

76 Siehe Art 2 lit a PSO-VO.

77 Das „klassische Vergaberecht" zielt demgegenüber nur auf die Vergabe entgeltlicher Verträge ab. Siehe nur Art 1 Abs 1 und 2 iVm Art 2 Abs 1 Z 5 VergabeRL 2014 sowie Art 1 Abs 1 und 2 iVm Art 2 Z 1 SektorenRL 2014 (bzw § 1 Z 1 und 2 iVm § 5 bis 7 BVergG).

78 Diese ist freilich restriktiv zu interpretieren.

79 Die Anführung von Dienstleistungsaufträgen und öffentlichen Dienstleistungsaufträgen geht auf die differenzierte Terminologie in den Vergaberichtlinien zurück. Siehe dazu Art 2 Abs 1 Z 9 VergabeRL 2014 sowie Art 2 Z 5 SektorenRL 2014.

80 Die PSO-VO bezieht sich in ihrem Wortlaut noch auf die Richtlinie 2004/18/EG. Dieser Verweis ist allerdings mit Blick auf die Aufhebung und das Ersetzen der Vorgängerrichtlinie als Verweis auf die aktuelle VergabeRL 2014 zu verstehen. Vgl nur Punkt 2.1.1. der Auslegungsleitlinie zur PSO-VO.

81 Die PSO-VO bezieht sich in ihrem Wortlaut noch auf die Richtlinie 2004/17/EG. Dieser Verweis ist allerdings mit Blick auf die Aufhebung und das Ersetzen der Vorgängerrichtlinie als Verweis auf die aktuelle SektorenRL 2014 zu verstehen. Vgl nur Punkt 2.1.1. der Auslegungsleitlinie zur PSO-VO.

82 Vgl in diesem Kontext auch ErwGr 27 zur VergabeRL 2014 sowie ErwGr 35 zur SektorenRL 2014. Der Verweis auf die Vergaberichtlinien in Art 5 Abs 1 S 2 PSO-VO umfasst nach jüngster Rechtsprechung auch die dort festgelegten Anforderungen an eine (nicht auszuschreibende) Inhouse-Vergabe. So EuGH 21.3.2019, verb Rs C-266/17

Die Überschrift sowie der Aufbau der Tabelle suggerieren, es handle sich dabei um eine vollständige Zusammenfassung der auf bestimmte Sachverhalte anzuwendenden Rechtsgrundlagen. So legt diese Darstellung die Annahme nahe, dass Öffentliche Personenverkehrsdienste mit Bus und Straßenbahn dann und ausschließlich der VergabeRL 2014 und der SektorenRL 2014 unterlägen, wenn es sich um (öffentliche) Dienstleistungsaufträge iSd Definition der Richtlinienbestimmungen handle.[83] Eine solche Auslegung greift jedoch zu kurz. Dies belegt die jüngere Rechtsprechung des Gerichtshofs der Europäischen Union zu zwei Vorabentscheidungsfällen. So hat der EuGH bereits in der Rs *Hörmann Reisen*[84] klargestellt, dass bei der Vergabe

und C-267/17, *Rhein-Sieg-Kreis und Rhenus Veniro GmbH & Co. KG / Verkehrsbetrieb Hüttebräucker GmbH ua*, ECLI:EU:C:2019:241, insbesondere Rn 67ff. Dazu zB *Gölles*, Personenverkehrsdienste mit Bussen und Straßenbahnen – Ausschreibungspflicht gem Vergabe-RL (bzw BVergG), RPA 2019, 227. Siehe weiters EuGH 8.5.2019, Rs C-253/18, *Stadt Euskirchen / Rhenus Veniro GmbH & Co. KG*, ECLI:EU:C:2019:386.

83 In diesem Sinne auch die (nicht mit Fehlern in der Übersetzung behaftete, sondern – wie zugleich gezeigt wird – inhaltlich unrichtige) Ausführung in Punkt 2.1.1. der Auslegungsleitlinie zur PSO-VO (Hervorhebungen durch den Verfasser): *„In Artikel 5 Absatz 1 der Verordnung (EG) Nr. 1370/2007 ist festgelegt, dass die Vergabe (öffentlicher) Dienstleistungsaufträge für Verkehrsdienste mit Bussen oder Straßenbahnen in den Richtlinien 2004/17/EG […] und 2004/18/EG […] geregelt ist, es sei denn, diese Aufträge nehmen die Form von Dienstleistungskonzessionen an. Die* ***Vergabe*** *von (öffentlichen) Dienstleistungskonzessionen* [Anmerkung: gemeint ist wohl Dienstleistungsaufträge, zumal Konzessionen von den beiden in Bezug genommenen Richtlinien nicht erfasst werden] *für öffentliche Personenverkehrsdienste mit Bussen oder Straßenbahnen* ***unterliegt somit ausschließlich den Richtlinien 2014/24/EU und 2014/25/EU.*** *“* Ein Vergleich der verschiedenen Sprachfassungen der Auslegungsleitlinie zur PSO-VO belegt die fehlerhafte Übersetzung ins Deutsche und die offensichtlich von der Europäischen Kommission noch vertretene Auffassung. So lautet es im Englischen wie folgt: *„The award of (public) service contracts for public passenger services by bus or tram is thus solely governed by Directives 2014/24/EU and 2014/25/EU.“* In diesem Sinne auch die französische (*„L'attribution de marchés (publics) de services pour les services publics de transport de voyageurs par autobus ou par tramway est donc uniquement régie par les directives 2014/24/UE et 2014/25/UE.“*) sowie spanische (*„La adjudicación de contratos de servicio (público) de transporte de viajeros en autobús o tranvía se rige pues exclusivamente por las Directivas 2014/24/UE y 2014/25/UE.“*) Übersetzung. Die italienische Sprachfassung führt zum gleichen Ergebnis: *„L'aggiudicazione di contratti di servizio (pubblico) in materia di trasporto di passeggeri con autobus e tram è disciplinata quindi unicamente dalle direttive 2014/24/UE e 2014/25/UE.“* Bedauerlich ist, dass der Entwurf für neue Auslegungsleitlinien vom Dezember 2021 (NON-PAPER: Revised interpretative guidlines concerning Regulation (EC) No 1370/2007 on public passenger transport services by rail and by road; Ref. Ares(2021)7430558 – 02/12/2021) diesbezüglich nicht näher präzisiert (bzw richtiggestellt) wurde. Entsprechende Klarstellungen sind von der Europäischen Kommission zu fordern.

84 EuGH 27.10.2016, Rs C-292/15, *Hörmann Reisen GmbH / Stadt Augsburg und Landkreis Augsburg*, ECLI:EU:C:2016:817.

eines Auftrags für den öffentlichen Personenverkehrsdienst mit Bussen[85] nur die Bestimmungen von Art 5 Abs 2 bis 6 PSO-VO nicht anwendbar sind, während die übrigen Vorschriften der PSO-VO anwendbar[86] bleiben.[87]

Klar bestätigte der EuGH dieses Ergebnis jüngst in einem österreichischen Vorabentscheidungsersuchen. Demnach enthält die PSO-VO *„Sonderregeln, die die allgemeinen Regeln der Richtlinie 2014/24*[88] *oder der Richtlinie 2014/25*[89]*, je nachdem, ob die anwendbare Richtlinie in den von der Verordnung geregelten Bereichen Regeln vorsieht oder nicht, entweder ersetzen oder ergänzen sollen"*.[90] Die PSO-VO als *lex specialis* ersetzt damit im Fall von Widersprüchen die Bestimmungen der Vergaberichtlinien (bzw des BVergG[91]) oder ergänzt sie dort, wo sie keine Vorschriften enthalten.[92]

2. Im Besonderen: Abgrenzungsfragen zwischen PSO-VO und BVergG

Art 5 Abs 1 S 2 PSO-VO (die Bestimmung lautet: *„Dienstleistungsaufträge oder öffentliche Dienstleistungsaufträge gemäß der Definition in den Richtlinien 2004/17/EG oder 2004/18/EG für öffentliche Personenverkehrsdienste mit Bussen und Straßenbahnen werden jedoch gemäß den in jenen Richtlinien vorgesehenen Verfahren vergeben, sofern die Aufträge nicht die Form von Dienstleistungskonzessionen im Sinne jener Richtlinien annehmen."*) bezieht sich hinsichtlich seiner Anwendungsvoraussetzungen ausschließlich auf die europäischen Vergaberichtlinien. Diese bedürfen bekanntlich einer normativen Umsetzung in nationales Recht,[93] welche in Österreich insbesondere durch das BVergG erfolgte.[94] Der Verweis in der PSO-VO ist nach *Linke/Prieß* dabei so zu lesen, dass er die Normen des nationalen Vergaberechts mitumfasst, die die europäischen Vorgaben umsetzen.[95]

---

85 Und damit auch mit – den hier nicht weitere interessierenden – Straßenbahnen.

86 Im konkreten Fall wurde dies beispielsweise für Art 4 Abs 7 PSO-VO ausgesprochen, der als *lex specialis* einer ähnlichen Bestimmung in den Vergaberichtlinien vorgeht.

87 Vgl Rn 41 der EuGH-Entscheidung.

88 VergabeRL 2014.

89 SektorenRL 2014.

90 EuGH 20.9.2018, Rs C-518/17, *Stefan Rudigier*, ECLI:EU:C:2018:757, Rn 49.

91 Zur Frage, ob dies auch im Unterschwellenbereich gilt vgl unten bei Punkt III.C.2.

92 Im konkreten Fall stellte der EuGH fest, dass Art 7 Abs 2 PSO-VO als *lex specialis* Art 48 Abs 1 VergabeRL 2014 und Art 67 Abs 1 SektorenRL 2014 vorgeht. Weiterführend zu den EuGH-Entscheidungen zB *Antweiler*, Allgemeines Vergaberecht und sektorspezifisches Sondervergaberecht im ÖPNV, NZBau 2019, 289.

93 Allgemein statt vieler zB bereits EuGH 2.12.1986, Rs 239/85, *Kommission/Belgien*, ECLI:EU:C:1986:457, Rn 7. Siehe auch *Öhlinger/Potacs*, EU-Recht und staatliches Recht[7] (2020) 123ff.

94 So auch der Umsetzungshinweis in den ErläutRV 69 BlgNR 26. GP 1 und 4.

95 *Linke/Prieß*, Art 5, in Linke (Hrsg), VO (EG) 1370/2007 über öffentliche Personenverkehrsdienste[2] (2019) Rz 40a mwN.

Während das BVergG – bei Vorliegen eines (öffentlichen) Dienstleistungsauftrags im vergaberechtlichen Verständnis – allerdings bereits ab dem ersten Cent einer Auftragsvergabe gilt,[96] gelangen die Vergaberichtlinien nur dann zur Anwendung, wenn bestimmte Schwellenwerte überschritten werden.[97] Es stellt sich daher die Frage, wie Beauftragungen von (öffentlichen) Dienstleistungsaufträgen (iSd Vergaberichtlinien) für öffentliche Personenverkehrsdienste mit Bussen und Straßenbahnen mit einem geschätzten Auftragswerten unterhalb der europäischen Schwellenwerte zu beurteilen sind. Dies insbesondere deshalb, da Mikro-ÖV-Dienste auch kleingliedrig auf kommunaler Ebene umgesetzt werden können und daher allenfalls die europäischen Schwellenwerte nicht erreichen.

Die hM[98] geht in Deutschland (bei Bestehen eines vielschichtigen nationalen Normgeflechts, das nicht mit dem österreichischen Reglement vergleichbar ist[99]) davon aus, dass für Vergaben im **Unterschwellenbereich** die Bestimmung des Art 5 Abs 1 S 2 PSO-VO (sohin auch das in Deutschland sogenannte „Kartellvergaberecht") nicht einschlägig ist, sodass in diesen Fällen idR ausschließlich das sektorspezifische Sondervergaberegime der PSO-VO anzuwenden ist.[100] Ausgehend vom Wortlaut der PSO-VO könnte man hier allerdings auch eine andere Auffassung vertreten, wonach auch Vergaben unterhalb der Schwellenwerte nach dem „allgemeinen Vergaberecht"[101] auszuschreiben sind. Die Definition (öffentlicher) Dienstleistungsaufträge

96 Vgl § 1 BVergG. Die Schwellenwerte des BVergG dienen vor allem der Abgrenzung zwischen sogenanntem Ober- und Unterschwellenbereich und haben damit Bedeutung für die konkrete Verfahrensausgestaltung. Weiterführend zB *Dillinger/Oppel*, Das neue BVergG 2018 (2018) Rz 3.63 ff.

97 Art 1 Abs 1 iVm Art 4 VergabeRL 2014 und Art 1 Abs 1 iVm Art 15 SektorenRL 2014.

98 *Berschin*, Art 5 VO (EG) 1370/2007, in Säcker/Ganske/Knauff (Hrsg), Münchner Kommentar zum Wettbewerbsrecht – Band 4/VergabeR II[4] (2022) Rz 17. Siehe auch *Knauff*, VO (EG) Nr. 1370/2007 Art. 5, in Immenga/Mestmäcker (Hrsg), Wettbewerbsrecht[6] (2022) Rz 286, der in Rz 287 jedoch die Anwendbarkeit der Regelungen des Haushaltsvergaberechts festhält. Weiters *Kramer/Heinrichsen*, Bestellung nach der Verordnung (EG) Nr. 1370/2007, in Knauff (Hrsg), Bestellung von Verkehrsleistungen im ÖPNV (2018) 63 (70 f). Siehe weiters *Hagenbruch*, Anwendbarkeit der VO Nr. 1370/2007 auf die Direktvergabe in Form von Verwaltungsakten und gesellschaftsrechtlichen Weisungen, EuZW 2020, 1019 (1023, FN 52), der die Konstellation der Vergabe eines Auftrags unterhalb der Schwellenwerte als ungeklärtes Szenario identifiziert.

99 Überblickshaft zur deutschen Vergaberechtslage zB *Ziekow*, GWB Einl., in Ziekow/Völlink (Hrsg), Vergaberecht[4] (2020) Rz 20 ff.

100 Dies hätte beispielsweise zur Folge, dass Direktvergaben von Kleinaufträgen nach Art 5 Abs 4 PSO-VO auch oberhalb der nationalen Direktvergabeschwelle von (derzeit; vgl die Schwellenwerteverordnung 2023, BGBl II 2023/34) EUR 100.000,– erfolgen könnten, wobei nach BVergG bereits ein förmliches Vergabeverfahren im Unterschwellenbereich durchzuführen wäre.

101 Gemeint: nach den Regeln des BVergG.

in den Vergaberichtlinien[102] stellt nämlich nicht auf das Überschreiten eines bestimmten Schwellenwerts ab. Dieser spielt im unionsrechtlichen Kontext – von der verwiesenen Begriffsbestimmung losgelöst – ausschließlich für die Frage der Anwendbarkeit der Richtlinien eine Rolle.[103] Auch enthält das BVergG keine Ausnahme für die (Unterschwellen-)Vergabe von Dienstleistungsaufträgen über öffentliche Personenverkehrsdienste mit Bussen und Straßenbahnen.[104] Dem lässt sich freilich entgegnen, dass die PSO-VO als speziellere Regelung[105] den allgemeinen Vergaberichtlinien[106] und als unmittelbar geltende Verordnung dem BVergG vorgeht. Zudem befreien nach Art 5 Abs 1 S 3 PSO-VO nur nach dem Vergabesekundärrecht (sohin nach den Regeln für den Oberschwellenbereich) vergebene Aufträge von der Anwendung der Abs 2 bis 6 des Art 5 PSO-VO. Letztlich würde die zweite Auslegungsvariante daher auch die Gefahr von Systemwidrigkeiten bergen. So müssten Unterschwellenaufträge zur Umgehung der Anwendbarkeit des PSO-VO-Vergaberegimes (wortlautgemäß) nach den strengeren, sekundärrechtlich vorgezeichneten, vergaberechtlichen Anforderungen des Oberschwellenbereichs ausgeschrieben werden.[107] Der Regelungsfokus des Unionsgesetzgebers liegt zuletzt bei binnenmarktrelevanten Beschaffungsprozessen.

Im Ergebnis sprechen mE die besseren Gründe dafür, dass für Vergaben im Unterschwellenbereich die Bestimmung des Art 5 Abs 1 S 2 PSO-VO nicht einschlägig ist, sodass die Vergabe grundsätzlich nach Maßgabe der

---

102 „Öffentliche Dienstleistungsaufträge" sind nach Art 2 Abs 1 Z 9 VergabeRL 2014 öffentliche Aufträge (also zwischen einem oder mehreren Wirtschaftsteilnehmern und einem oder mehreren öffentlichen Auftraggebern schriftlich geschlossene entgeltliche Verträge) über die Erbringung von Dienstleistungen, bei denen es sich nicht um öffentliche Bauaufträge handelt. „Dienstleistungsaufträge" sind nach Art 2 Z 5 SektorenRL Aufträge über die Erbringung von Dienstleistungen, bei denen es sich nicht um Bauaufträge handelt.

103 Vgl jeweils Art 1 Abs 1 der VergabeRL 2014 und der SektorenRL 2014.

104 Siehe außerdem die besonderen Regeln in § 151 Abs 2 und § 312 Abs 2 BVergG, die im konkreten Kontext (zumindest gemäß den ErläutRV 69 BlgNR 26. GP 164) – nur – die Vergabe von Dienstleistungsaufträgen auf der Schiene und per Untergrundbahn umfassen.

105 Auf die wiedergegebene Rechtsprechung in Punkt III.C.1. sei verwiesen.

106 Zur Anwendbarkeit der Grundsatz *„lex specialis derogat legi generali"* bei gleichgeordneten Sekundärrechtsakten vgl *Ruffert*, AEUV Art. 288, in Callies/Ruffert (Hrsg), EUV/AEUV^6 (2022) Rz 14. Ähnlich *Linke/Prieß*, Art 5, Rz 23 unter Hinweis auf *Nettesheim*, Normenhierarchien im EU-Recht, EuR 2006, 737 (765). Zur Qualifikation der PSO-VO als *lex specialis* gegenüber den Vergaberichtlinien bereits *Nettesheim*, Das neue Dienstleistungsrecht des ÖPNV – Die Verordnung (EG) Nr. 1370/2007, NVwZ 2009, 1449 (1451).

107 Wobei aus den Richtlinien selbst folgt, dass diese nicht für Vergaben oberhalb der Schwellenwerte gelten. So Art 1 Abs 1 VergabeRL 2014 und Art 1 Abs 1 SektorenRL 2014.

(spezialgesetzlichen) PSO-VO zu erfolgen hat. Prototypisch geschieht die Vergabe dabei nach einem wettbewerblichen Vergabeverfahren, sofern die PSO-VO in Art 5 Abs 3a, 4, 4a, 4b, 5 und 6 keine anderen Möglichkeiten eröffnet.[108] Dies führt dazu, dass – im Fall einer Vergabe nach Art 5 Abs 3 PSO-VO – das Vergabeverfahren in letzter Konsequenz doch nach den Bestimmungen des BVergG abzuwickeln ist.[109] Angesichts der Allgemeinheit der Verfahrensgrundsätze in der PSO-VO ist nämlich davon auszugehen, dass diese nicht das nationale Vergaberecht verdrängen, sondern[110] durch dieses ausgestaltet werden, was zur Folge hat, dass das BVergG im Falle einer wettbewerblichen Vergabe vollumfänglich zu beachten ist, solange es den Grundsätzen der PSO-VO genügt.[111] Der bereits kurz nach Erlassung der PSO-VO konstatierte Befund einer einigermaßen komplexen und unübersichtlichen Rechtslage trifft weiterhin zu.[112]

3. Im Besonderen: Busse

Mikro-ÖV können verschiedene Ausgestaltungsvarianten annehmen. Insbesondere alternative Gelegenheitsverkehre (zB Anrufsammeltaxis) werden in vielen Fällen mit PKW[113] erbracht werden. Alternative Kraftfahrlinien (zB Rufbusse) werden demgegenüber idR mit Omnibussen[114] bedient.[115] Dies wirft weitere vergaberechtliche Fragen auf, zumal Art 5 Abs 1 S 2 PSO-VO für die Abgrenzung der für die Bestellung heranzuziehenden Rechtsgrundlagen wesentlich darauf abstellt, ob öffentliche Personenverkehrsdienste „mit Bussen“ oder „nicht mit Bussen“ erbracht werden.

Einigkeit besteht darüber, dass der in der PSO-VO nicht definierte Begriff des Busses nicht nach nationalem Recht, sondern unionsrechtlich auto-

108 Siehe dazu Art 5 Abs 3 PSO-VO.

109 Die Herleitung des Ergebnis zum Gehalt des Art 5 Abs 1 S 2 PSO-VO hat daher auf den ersten Blick nur theoretischen Charakter. Bedeutung erlangt die Unterscheidung allerdings im Kontext der Direktvergabemöglichkeiten.

110 Mangels hinreichend klarer Ausnahmen iSe *„gold plating“*.

111 In diesem Sinne mwN *Linke/Prieß*, Art 5, Rz 152a. Diese Ansicht stützt der Gesetzgeber auch durch seine Ausführungen im Zusammenhang mit der Vergabe von Dienstleistungskonzessionen, die an sich nur nach den Bestimmungen der PSO-VO erfolgt. Vgl ErläutRV 69 BlgNR 26. GP 247: *„Führt der Auftraggeber ein wettbewerbliches Verfahren durch (vgl. Art. 5 Abs. 3 PSO-VO), so sind dabei die im ersten Satz des Abs. 2 für anwendbar erklärten Regelungen des BVergGKonz zu beachten.“*

112 So bereits *Kahl*, Die neue Public Service Obligations (PSO)-Verordnung – Grundsätzliche Überlegungen zu beihilfe-, vergabe- und konzessionsrechtlichen Auswirkungen auf das nationale ÖPNRV-Recht, ZVR 2008, 83 (85).

113 Vgl § 2 Z 1 KFG 1967 (BGBl 1967/267 idF BGBl I 2022/62).

114 § 2 Z 7 KFG 1967.

115 Hinsichtlich Rufbussen: § 38 Abs 3 Z 1 iVm § 39 KflG (BGBl I 1999/203 idF BGBl I 2022/18).

nom auszulegen ist.[116] In der Folge scheiden sich aber die Meinungen daran, welche Verkehrsmittel terminologisch erfasst werden. Einerseits wird ein bauartspezifischer Ansatz vertreten, wonach ein (Kraftomni-)Bus iSd VO (EG) 1073/2009[117] (und anderer Bestimmungen) nach seiner Bauart und Ausstattung geeignet und dazu bestimmt ist, mehr als neun Personen – einschließlich des Fahrers – zu befördern und der in der PSO-VO verwendete Begriff an diesem Maßstab zu beurteilen ist.[118] Auf der anderen Seite wird Busverkehr als Oberbegriff für alle nicht schienengestützten Verkehrsformen auf der Straße verstanden, sodass Art 5 Abs 1 S 2 PSO-VO sämtliche Formen der Personenbeförderung mit (undifferenziert) Kraftfahrzeugen umfasst[119] oder der verkehrsmittelspezifische Ansatz betont, wonach als Bus jedes zur Personenbeförderung geeignete Kraftfahrzeug zu qualifizieren ist.[120]

Die Konsequenzen der so vorgenommenen Einstufung sind weitreichend:

- (Öffentliche) Dienstleistungsaufträge (iSd Vergaberichtlinien) für öffentliche Personenverkehrsdienste **mit Bussen** sind von der Regelung des Art 5 Abs 1 S 2 PSO-VO erfasst, sodass Art 5 Abs 2 bis 6 PSO-VO nicht anwendbar ist, wenn die Aufträge nach den Vergaberichtlinien (sohin den Oberschwellenbestimmungen des BVergG[121]) vergeben werden. Die übrigen Bestimmungen der PSO-VO sind freilich weiterhin beachtlich und einzuhalten.[122]
- (Öffentliche) Dienstleistungsaufträge (iSd Vergaberichtlinien) für öffentliche Personen-verkehrsdienste, die **nicht mit Bussen** erbracht werden, wären von der Regelung des Art 5 Abs 1 S 2 PSO-VO nicht erfasst und würden damit den Vorgaben der PSO-VO unterliegen.

---

116 Statt vieler *Linke/Prieß*, Art 5, Rz 36.

117 VO (EG) 1073/2009 über gemeinsame Regeln für den Zugang zum grenzüberschreitenden Personenkraftverkehrsmarkt, ABl 2009 L 300/88 idF ABl 2015 L 272/15 (Berichtigung). Siehe Art 1 Abs 1 leg cit.

118 Dieser Auffassung folgend *Linke/Prieß*, Art 5, Rz 37 und *Kramer/Heinrichsen*, Bestellung 69f.

119 *Berschin*, Art 5 VO (EG) 1370/2007, Rz 12.

120 *Knauff*, VO (EG) Nr. 1370/2007 Art. 5, Rz 272 und 232 (unter Hinweis auf die Klasse M in Anhang II Teil A Richtlinie 2007/46/EG zur Schaffung eines Rahmens für die Genehmigung von Kraftfahrzeugen und Kraftfahrzeuganhängern sowie von Systemen, Bauteilen und selbstständigen technischen Einheiten für diese Fahrzeuge, ABl 2007 L 263/1; nunmehr aufgehoben und ersetzt durch die Verordnung (EU) 2018/858 über die Genehmigung und die Marktüberwachung von Kraftfahrzeugen und Kraftfahrzeuganhängern sowie von Systemen, Bauteilen und selbstständigen technischen Einheiten für diese Fahrzeuge, ABl 2018 L 151/1; vgl Art 4 Abs 1 lit a leg cit).

121 Zur Frage, wie mit Aufträgen im Unterschwellenbereich zu verfahren ist, siehe oben Punkt III.C.2.

122 EuGH 27.10.2016, Rs C-292/15, *Hörmann Reisen GmbH / Stadt Augsburg und Landkreis Augsburg*, ECLI:EU:C:2016:817, insbesondere Rn 41.

Die bisher ersichtliche Praxis scheint der Auffassung zu folgen, dass als Bus jedes zur Personenbeförderung geeignete Kraftfahrzeug zu qualifizieren ist.[123]

D. Das Verhältnis von PSO-VO und BVergGKonz

Wesentlich klarer als das Verhältnis zwischen PSO-VO und BVergG ist jenes zwischen PSO-VO und BVergGKonz geregelt. So enthält bereits Art 5 Abs 1 Satz 2 PSO-VO eine **Rückausnahme für Dienstleistungskonzessionen**, sodass für deren Vergabe ausschließlich die PSO-VO einschlägig ist.[124] Die KonzessionsRL bestätigt in ihrem Art 10 Abs 3, dass sie nicht für Konzessionen im Bereich der öffentlichen Personenverkehrsdienste im Sinne der PSO-VO gilt. Der (*prima vista* insoweit nicht stimmig wirkende) Regelungsgehalt des § 25 Abs 2 BVergGKonz erhellt sich in diesem Sinne erst bei einem Blick in die Gesetzesmaterialien. Führt der Auftraggeber ein wettbewerbliches Verfahren nach Art 5 Abs 3 PSO-VO durch, so sind dabei die im BVergGKonz für anwendbar erklärten Regelungen zu beachten.[125] Dies bestätigt die zuvor bereits dargelegte Auffassung, wonach die PSO-VO nicht das nationale Vergaberecht verdrängen soll, sondern durch dieses für die Fälle einer wettbewerblichen Vergabe näher ausgestaltet wird.

E. Das Verhältnis von allgemeinem Vergaberecht und Sektorenbestimmungen

Das BVergG gliedert sich bekanntermaßen hinsichtlich der für Ausschreibungen anzuwendenden Vorgaben in zwei (unterschiedlich strenge) Bereiche: der 2. Teil des BVergG widmet sich Vergabeverfahren für öffentliche Auftraggeber, der 3. Teil normiert die Vergabeverfahren für Sektorenauftraggeber. Die Abgrenzung erfolgt hinsichtlich des persönlichen Geltungsbereichs der Bestimmungen im Wesentlichen tätigkeitsbezogen anhand der Frage, ob eine Sektorentätigkeit ausgeübt wird oder nicht (und der konkret zu vergebende Auftrag in den bestimmten Tätigkeitsbereich fällt).[126] **Sektorentätigkeiten** im Verkehrsbereich sind nach § 172 Abs 1 BVergG die *„Bereitstellung oder das Betreiben von Netzen zur Versorgung der Allgemeinheit*

123 Vgl LVwG NÖ 28.6.2019, LVwG-VG-2/002-2019 zu bedarfsorientierten Bestellverkehren in Form von Anrufsammeltaxis, welche (ausschließlich) nach den Bestimmungen des BVergG ausgeschrieben wurden.

124 So auch *Linke/Prieß*, Art 5, Rz 44 ff.

125 ErläutRV 69 BlgNR 26. GP 247.

126 Vgl die §§ 166 ff BVergG. Weiterführend dazu (noch zum alten BVergG 2006) zB *Stempkowski/Holzinger*, Im Sektorenbereich („Sektorenauftraggeber"), in Heid Schiefer Rechtsanwälte/ Preslmayr Rechtsanwälte (Hrsg), Handbuch Vergaberecht[4] (2015) Rz 312 ff.

mit Verkehrsleistungen per Eisenbahn, mit automatischen Systemen, Straßenbahn, Bus, Oberleitungsbus oder Seilbahn". Im Verkehrsbereich liegt nach der Legaldefinition des § 172 Abs 2 BVergG dann ein Netz vor, wenn die Verkehrsleistung gemäß den von einer zuständigen Behörde festgelegten Bedingungen erbracht wird, wozu auch die Festlegung der Strecken, der Transportkapazitäten und der Fahrpläne gehören.

Für die Besteller von Mikro-ÖV ergeben sich daraus im Einzelfall (je nach konkreter Ausgestaltung des Mikro-ÖV-Dienstes) zu prüfende Aspekte. Vorgelagert ist im öffentlichen Straßenpersonenverkehr zunächst aber die Frage, ob die jeweiligen Aufgabenträger überhaupt ein (Verkehrs-)Netz betreiben oder bereitstellen.[127] Die Bereitstellung eines Verkehrsnetzes meint die Zurverfügungstellung von für die Erbringung von Sektorentätigkeiten erforderlichen Einrichtungen (es geht dabei sohin um die Schaffung, Errichtung und Instandhaltung von – baulicher – Infrastruktur[128]). Der Betrieb von Verkehrsnetzen umfasst die Erbringung von öffentlichen Verkehrsleistungen in den genannten Bereichen. Außer in den Fällen einer Eigenerbringung (die üblicherweise von Ausschreibungspflichten freigestellt ist[129]) werden die Aufgabenträger idR nicht selbst die Leistungen erbringen. Nach Auffassung von GA *Mischo*[130] in der Rs *Concordia Bus*[131] müsse der Auftraggeber selbst den Busverkehr ausführen (es wäre für den Betrieb eines Busverkehrsnetzes demnach nicht ausreichend, wenn der Auftraggeber beispielsweise nur die Fahrstrecke oder den Fahrplan bestimmte, sodass der Betrieb eines Netzes die Sicherstellung seiner Funktion mit im Prinzip eigenem Personal und eigenen Fahrzeugen beinhalte; betreffe die Ausschreibung des Auftraggebers die Übertragung des Netzbetriebs auf Dritte, so handelte er nicht mehr im Rah-

127 Zu Folgenden *Kahl*, Vergaberecht, Rz 80 ff. Siehe auch *Zellhofer/Stickler*, § 169 BVergG, in Schramm/Aicher/Fruhmann (Hrsg), Kommentar zum Bundesvergabegesetz 2006 (1. Lfg, 2009) Rz 3 ff sowie *Fuchs*, Die neue EG-Sektorenrichtlinie (Teil I), ZVB 2004, 208 (bei FN 48 und 49).

128 Überblickshaft zur Rechtsprechung *Strobl/Talasz*, § 172 BVergG, in Gast (Hrsg), Leitsatzkommentar Bundesvergabegesetz[2] (2019). Fraglich ist, ob der Infrastrukturbegriff (bzw der Begriff der für die Leistungserbringung erforderlichen Einrichtungen) im Lichte neuer Mobilitätsangebote in Zukunft erweitert wird. Bei *on-demand*-Verkehren spielen digitale Plattformen (Mobilfunk-Applikation) eine bedeutende Rolle (siehe für Deutschland nur *Linke*, Neue Verkehrsformen im Personenbeförderungsrecht – Wie wird mit On-Demand-Verkehren und Fahrdienstvermittlern künftig umgegangen? NVwZ 2021, 1001), sodass die entsprechenden Softwarelösungen zukünftig ebenfalls als für die Erbringung der modernen Personenbeförderungsleistungen erforderliche Einrichtungen gesehen werden könnten.

129 In diesem Kontext seien die Regeln zur Inhouse-Vergabe und zur öffentlich-öffentlichen Zusammenarbeit erwähnt. Vgl die §§ 10 und 179 BVergG.

130 SA des GA *Mischo* vom 13. Dezember 2001, ECLI:EU:C:2001:686, Rn 48 f.

131 EuGH 17.9.2022, Rs C-513/99, *Concordia Bus Finland Oy Ab*, ECLI:EU:C:2002:495, wobei sich der EuGH in der Entscheidung nicht näher mit den diesbezüglichen Ausführungen des GA auseinandersetzt.

men einer Netzbetreibertätigkeit). Nach dieser Auffassung fällt die Beschaffung von Verkehrsdienstleistungen nicht unter die Sektorenbestimmungen, sondern unterliegt den vergaberechtlichen Anforderungen des klassischen Bereichs.[132]

Nicht übersehen werden darf schließlich, dass auch die Verkehrsunternehmen selbst (Sektoren-)Auftraggeber iSd BVergG sein können.[133]

F. Besondere Anforderungen hinsichtlich des Einsatzes sauberer Straßenfahrzeuge

Im Umsetzung der „*Clean Vehicles Directive*"[134] schreibt das BVergG in seinen §§ 4 Abs 4 und 182 BVergG im Zusammenhang mit der Beschaffung von öffentlichen Personenverkehrsdiensten besondere Verpflichtung zur Anschaffung von sauberen Straßenfahrzeuge (insbesondere von Bussen) vor, die durch eine vertragliche (und daher auch einklagbare) Klausel im Vertrag mit dem Betreiber der PSO-Dienstleistung (wenn dieser selbst kein Auftraggeber iSd BVergG ist), sicherzustellen sind.[135] Weiters sei in diesem Kontext nunmehr auch auf die Regelungen des SFBG hingewiesen, das in dessen Geltungsbereich nach § 3 Z 2 zunächst besondere Vorgaben für die Beschaffung bzw den Einsatz von Straßenfahrzeugen im Wege der Vergabe von Dienstleistungskonzessionsverträgen gemäß § 6 BVergGKonz und Dienstleistungsaufträgen gemäß § 7 BVergG trifft, die jeweils die Erbringung von öffentlichen Personenverkehrsdienstleistungen auf der Straße zum Gegenstand haben und bestimmte Schwellenwerte überschreiten. Mit Blick auf Mikro-ÖV-Ausschreibungen sei insbesondere § 3 Z 3 SFBG hinsichtlich der Vergabe von Dienstleistungsaufträgen im Oberschwellenbereich genannt, die die in Anhang II zum SFBG genannten Dienstleistungen zum Gegenstand haben (dort wird neben dem öffentlichen Verkehr auf der Straße sowie der Personensonderbeförderung auf der Straße explizit auch die Bedarfspersonenbeförderung angeführt), bei deren Erbringung Straßenfahrzeuge eingesetzt werden sollen.[136]

---

132 *Kahl*, Vergaberecht, Rz 84 unter Hinweis auf *Koller*, Vergaberechtliche Fragen des öffentlichen Personennahverkehrs, ÖZW 2004, 104 (110f).

133 *Kahl*, Vergaberecht, Rz 76.

134 Art 3 lit b Richtlinie 2009/33/EG über die Förderung sauberer und energieeffizienter Straßenfahrzeuge, ABl 2009 L 120/5 idF der Richtlinie 2019/1161/EU, ABl 2019 L 188/116.

135 ErläutRV 69 BlgNR 26. GP 27.

136 Weiterführend zum SFBG zB *Fruhmann/Ziniel*, NR 2021, 371 sowie *Theiner/Kromer*, Praxisfragen zum Straßenfahrzeug-Beschaffungsgesetz (Teil 1), RPA 2022, 327.

IV. Zusammenfassung und Ergebnis

Die Vergabe von Mikro-ÖV-Leistungen erfolgt in einem rechtlich anspruchsvollen Umfeld. In der Praxis zeigt sich zunehmend der Bedarf nach einer rechtssicheren Integration von neuen Mobilitätskonzepten (wie Mikro-ÖV-Diensten) in das traditionelle Verkehrsangebot. Dem hinkt der bestehende Rechtsrahmen hinterher. Dieser Befund ändert jedoch nichts an der Notwendigkeit (und dem Wunsch), solche neuartigen Mobilitätsformen im Sinne der Klimaschutz- und Nachhaltigkeitsbestrebungen (aber auch zur Attraktivierung des ÖPNV-Angebots insgesamt) umzusetzen. Dabei bildet die Identifikation des korrekterweise anzuwendenden Regelungsregimes – und damit einhergehend die saubere Abwicklung des Beschaffungsprozesses – mitunter eine der größten Herausforderungen. Oft sind es kleine, auf den ersten Blick wenig beachtete Details, die den Ausschlag für die Zulässigkeit einer rechtlichen Umsetzungsvariante geben. Sind die grundsätzlichen Anwendungsfragen einmal geklärt, kann ein öffentlicher Auftraggeber das geplante Vorhaben relativ rechtssicher unter Heranziehung erprobter rechtlicher Instrumente abwickeln.

Alles in allem stellt sich die geltende Rechtslage als unübersichtlich dar und birgt nicht nur wegen fehlender Rechtsprechung, sondern im Detail auch divergierenden Literaturmeinungen einige Unsicherheitsfaktoren bei der Umsetzung von Mikro-ÖV-Projekten. Dieser Umstand kann – gerade für kleinere Auftraggeber ohne entsprechende Ressourcen – zum unüberwindbaren Hemmschuh werden und damit die notwendige Beiträge zur Mobilitätswende in diesem Bereich einbremsen. Die hiermit geäußerte Forderung nach einer rechtssicherheitsschaffenden Überarbeitung des Rechtsrahmens liegt damit auf der Hand. Letztlich ist es eine Frage der Zeit, bis hier Klarstellungen erfolgen: entweder – als idealtypisches Szenario – durch den Gesetzgeber, indem er die aufgezeigten Regelungsdefizite behebt, oder durch die Gerichte.

Nachhaltige Flotten: Das Straßenfahrzeug-Beschaffungsgesetz (SFBG)

Günther Gast, Laura Gleinser

Literaturverzeichnis

Fruhmann/Ziniel, Verpflichtung zur Beschaffung und zum Einsatz sauberer Straßenfahrzeuge nach dem Straßenfahrzeug-Beschaffungsgesetz, NR 2021, 372.

Inhaltsübersicht

Abstract

Mit dem Straßenfahrzeug-Beschaffungsgesetz (SFBG)[1] wurde die Richtlinie 2019/1161/EU zur Änderung der Richtlinie 2009/33/EG über die Förderung sauberer und energieeffizienter Straßenfahrzeuge (Clean Vehicles Directive) umgesetzt. Das SFBG fördert saubere Mobilitätslösungen bei öffentlichen Ausschreibungen und legt Ziele für öffentliche Auftraggeber bei der Beschaffung von Straßenfahrzeugen fest. Der Beitrag wirft zunächst einen Blick auf

1 BGBl I 2021/163.

https://doi.org/10.33196/9783704691958-104

die Hintergründe des Gesetzes sowie seine rechtliche Grundlage und geht anschließend auf den Anwendungsbereich des Gesetzes ein. Er widmet sich zudem den Begriffen „sauberer“ und „emissionsfreier“ Fahrzeuge und den Mindestquoten. Abgeschlossen wird schließlich mit den Berichtspflichten und Strafbestimmungen.

I. Hintergründe

A. CO_2-Emissionen in Österreich

Es ist mittlerweile wohl unbestritten, dass Emissionen des Verkehrs das Klima beeinflussen. Genau betrachtet zählt der Verkehrssektor zu den Hauptverursachern von Treibhausgasemissionen. Dabei ist der höchste Anteil der Emissionen im Verkehr auf den Straßenverkehr zurückzuführen.

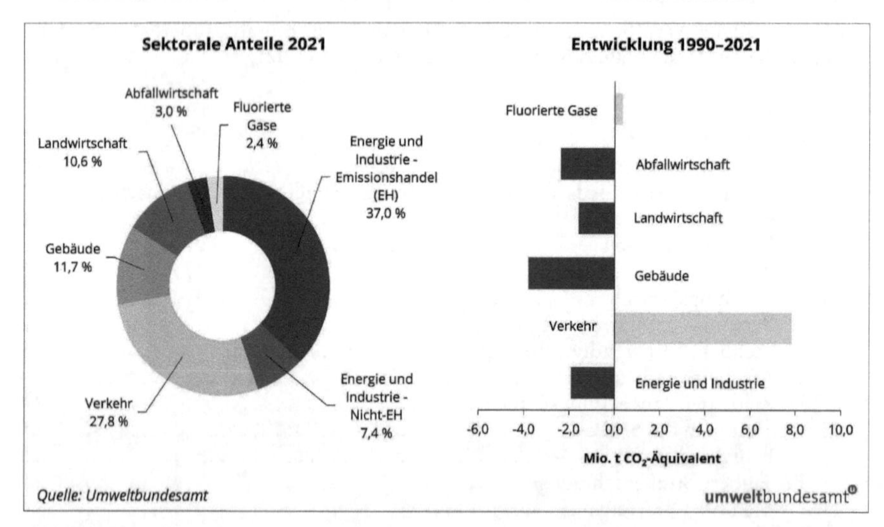

Abb 1: Umweltbundesamt GmbH, Sektorale Anteile und Entwicklung 1990 bis 2020, https://www.umweltbundesamt.at/klima/treibhausgase (abgerufen am 11.11.2022).

Im Jahr 2020 wurden in Österreich 73,6 Mio Tonnen CO_2-Äquivalent emittiert. Der EU-Rahmen für die Klima- und Energiepolitik bis 2030 gibt eine Emissionsreduktion von mindestens 55 % vor.[2] Ohne weitere Maßnahmen wird Österreich das Reduktionsziel von Treibhausgasemissionen bis 2030 klar verfehlen.[3]

2 Umweltbundesamt GmbH, Treibhausgase, https://www.umweltbundesamt.at/klima/treibhausgase (abgerufen am 11.11.2022).

3 Rechnungshof (Hrsg), Klimaschutz in Österreich – Maßnahmen und Zielerreichung 2020, 58, https://www.rechnungshof.gv.at/rh/home/home/Bund_2021_16_Klimaschutz_in_Oesterreich.pdf (abgerufen am 11.11.2022).

B. Prognostizierter Bedarf an zu beschaffenden Straßenfahrzeugen nach dem SFBG

Im Gesetzgebungsprozess zum SFBG wurde eine Anfrage vom Bundesministerium für Justiz an die Bundesländer und große öffentliche Auftraggeber der Bundesländer zur Übermittlung von Prognosen zu Beschaffungsvorhaben in den Betrachtungszeiträumen des SFBG gerichtet. Bei den Rückmeldungen dazu handelt es sich zwar nur um grobe Schätzungen, dennoch lässt sich daraus bereits ein Trend erkennen. Insgesamt wird der Bedarf im Begutachtungszeitraum 1 bis Ende 2025[4] auf circa 6.500 Fahrzeuge geschätzt, woraus sich bei Anwendung der Mindestquoten ein Bedarf von rund 2.360 sauberen Fahrzeugen ergibt.[5]

C. Rechtsgrundlagen

Dem SFBG liegt die Richtlinie 2009/33/EG vom 23. April 2009 über die Förderung sauberer und energieeffizienter Straßenfahrzeuge (Clean Vehicles Directive, kurz „CVD")[6] zugrunde. Ziel der CVD war es, den Markt für saubere, energieeffiziente Fahrzeuge zu fördern und zu stimulieren.[7] Erreicht werden sollte dieses Ziel durch die verbindliche Vorschrift, bei der Beschaffung von Straßenfahrzeugen die Energie- und Umweltauswirkungen während der gesamten Lebensdauer zu berücksichtigen.[8] Mit der CVD wurde der Grundsatz der Nachhaltigkeit in das öffentliche Vergaberecht eingeführt. Wie eine Wirkungsanalyse der EU-Kommission zeigte, hatte die Richtlinie eine nur sehr begrenzte Auswirkung auf die Marktakzeptanz sauberer Fahrzeuge.[9]

Aus diesem Grund wurde am 12. Juli 2019 die Richtlinie 2019/1161/EU des Europäischen Parlaments und des Rates vom 20. Juni 2019 zur Änderung der Richtlinie 2009/33/EG über die Förderung sauberer und energieeffizienter Straßenfahrzeuge im Amtsblatt der Europäischen Union veröffentlicht[10] und musste bis zum 2. August 2021 in nationales Recht in den Mitgliedstaaten umgesetzt werden. Die neue Richtlinie enthält nationale Zielvorgaben, die für jeden Mitgliedstaat einen Mindestanteil sauberer Fahrzeuge an der gesamten öffentlichen Beschaffung definieren. Am 28. Juli 2021, also gerade noch rechtzeitig, hat Österreich die CVD mit der Einführung des SFBG in nationales Recht umgesetzt.

4 S § 5 Abs 3 SFBG: 3.8.2021 bis zum 31.12.2025.
5 Vorblatt zur RV, 94 BlgNR 27. GP, 5.
6 ABl L 2009/120, 5.
7 S ErwGr 11 RL 2009/33/EG.
8 Siehe Art 1 RL 2009/33/EG.
9 KOM(2017) 653 endg.
10 ABl L 2019/188, 116.

D. Ziel

Ziel des Gesetzes ist die Stärkung der Verbreitung sauberer und energieeffizienter Straßenfahrzeuge durch die Vorgabe von Mindestzielen für die öffentliche Beschaffung.[11] Das SFBG verpflichtet öffentliche Auftraggeber saubere Straßenfahrzeuge bei den Beschaffungsvorhaben zu berücksichtigen und soll somit einen Beitrag zur Umstellung von Fahrzeugen mit Verbrennungsmotoren zu sauberen Straßenfahrzeugen leisten.

Systematisch knüpft das SFBG an das BVergG 2018[12] und das BVergGKonz 2018[13] an und ist bei der Durchführung von Vergabeverfahren nach diesen Gesetzen im Oberschwellenbereich anzuwenden. Anders als das klassische Vergaberecht regelt das SFBG nicht das „Wie" der Beschaffung, sondern das „Was".[14] Das SFBG trifft Vorgaben, was ein „sauberes" Fahrzeug ist und welche Mindestquoten von sauberen und Null-Emissions-Fahrzeuge bei der Neubeschaffung einzuhalten sowie bei der Erbringung von Dienstleistungen einzusetzen sind.

II. Anwendungsbereich

A. Persönlicher Anwendungsbereich

Der persönliche Anwendungsbereich ergibt sich aus § 2 Z 1 SFBG. In den Anwendungsbereich fallen öffentliche Auftraggeber gem § 4 Abs 1 BVergG 2018[15], Sektorenauftraggeber gem §§ 167–169 BVergG 2018[16] sowie Konzessionsauftraggeber gem § 4 BVergGKonz 2018[17].

---

11 Vorblatt zur RV, 94 BlgNR 27. GP, 1.

12 Bundesgesetz über die Vergabe von Aufträgen (Bundesvergabegesetz 2018 – BVergG 2018), BGBl I 2018/65 idgF.

13 Bundesgesetz über die Vergabe von Konzessionsverträgen (Bundesvergabegesetz Konzessionen 2018 – BVergGKonz 2018), BGBl I 2018/65 idgF.

14 *Fruhmann/Ziniel*, Verpflichtung zur Beschaffung und zum Einsatz sauberer Straßenfahrzeuge nach dem Straßenfahrzeug-Beschaffungsgesetz, NR 2021, 372.

15 Also Bund, Länder, Gemeinden, Gemeindeverbände (Z 1 leg cit); sog Einrichtungen öffentlichen Rechts (Z 2 leg cit); Verbände aus mehreren öffentlichen Auftraggebern (Z 3 leg cit).

16 Die Definition des Sektorenauftraggebers ist tätigkeitsbezogen und knüpft an die Ausübung einer Sektorentätigkeit gem §§ 170–175 BVergG 2018 an (Gas, Wärme, Elektrizität, Wasser, Verkehr, Postdienste, Förderung von Erdöl, Gas und Kohle sowie Bereitstellung von Häfen und Flughäfen).

17 Konzessionsauftraggeber iSd § 4 BVergGKonz 2018 ist jeder Auftraggeber (öffentlicher Auftraggeber oder Sektorenauftraggeber), der vertraglich an einen Konzessionär eine Konzession erteilt oder zu erteilen beabsichtigt.

B. Sachlicher Anwendungsbereich

Die vom SFBG erfassten Aufträge sind in § 3 leg cit aufgelistet. Im sachlichen Anwendungsbereich liegen zunächst:[18]

- Aufträge über den Kauf, das Leasing, die Miete oder den Ratenkauf von Straßenfahrzeugen gem § 6 BVergG 2018 im Oberschwellenbereich[19] (Z 1 leg cit);
- Dienstleistungskonzessionsverträge gem § 6 BVergGKonz 2018 und Dienstleistungsaufträge gem § 7 BVergG 2018, die jeweils die Erbringung von öffentlichen Personenverkehrsdienstleistungen auf der Straße zum Gegenstand haben und deren geschätzter Jahresdurchschnittswert mindestens EUR 1.000.000 beträgt oder die eine jährliche öffentliche Personenverkehrsleistung von mindestens 300.000 km aufweisen (Z 2 leg cit);
- bestimmte, in Anhang II des SFBG taxativ genannte Dienstleistungsaufträge gem § 7 BVergG 2018 im Oberschwellenbereich (zB Abholung von Siedlungsabfällen, Paketbeförderung, Personensonderbeförderung) (Z 3 leg cit).

Allen drei Anwendungsfällen gemein ist, dass der Anwendungsbereich des SFBG nur dann eröffnet ist, wenn die Beschaffung oder der Einsatz von Straßenfahrzeugen in einem Vergabeverfahren erfolgt, das in den Geltungsbereich des BVergG 2018 oder des BVergGKonz 2018, jeweils im Oberschwellenbereich, fällt. Ist bereits ein Ausnahmetatbestand des BVergG 2018 oder BVergGKonz 2018 erfüllt oder liegt eine Vergabe im Unterschwellenbereich vor, ist eine Anwendung des SFBG nicht geboten.[20]

Z 1 leg cit erfasst Lieferaufträge von öffentlichen Auftraggebern und Sektorenauftraggebern im Oberschwellenbereich und knüpft an § 6 BVergG 2018 an. Für die Auftragswertberechnung sind die Regelungen der §§ 13 und 15 leg cit anzuwenden. Demnach ist vom geschätzten Auftragswert aller vom Vorhaben umfassten Straßenfahrzeuge auszugehen. Umfasst ein Vorhaben zB die Erneuerung der vorhandenen Straßenfahrzeugflotte, dann ist der geschätzte Kaufpreis aller zu kaufen beabsichtigten Fahrzeuge zusammenzurechnen. Auch wenn der Einkauf in mehreren Losen erfolgt, ist der geschätzte Auftragswert aller Lose heranzuziehen. Des Weiteren ist das Umgehungsverbot zu beachten, wonach ein Auftrag nicht ohne sachliche Rechtfertigung so unterteilt werden darf, dass er nicht in den für das SFBG relevanten Oberschwellenbereich fällt.

---

18 *Fruhmann/Ziniel*, NR 2021, 373.

19 Bis 31.12.2022 EUR 215.000 im klassischen Bereich und EUR 431.000 im Sektorenbereich.

20 ErläutRV 941 BlgNR 27. GP, 7.

Z 2 und Z 3 leg cit stehen im Zusammenhang, da bei der Erbringung jener Dienstleistungen Straßenfahrzeuge eingesetzt werden. Die dabei verwendeten Fahrzeuge sind vom SFBG erfasst und bei den gesetzlichen Mindestquoten zu berücksichtigen. Zur Abgrenzung der Z 2 und 3 leg cit führen die Erläuterungen aus, dass die Schwellenwerte der Z 2 leg cit als lex specialis dann zur Anwendung gelangen, wenn ein öffentlicher Dienstleistungsauftrag im Sinne der PSO-VO[21] vorliegt.[22]

Außerdem sind vom SFBG folgende Aufträge erfasst:

- Dienstleistungsaufträge über die Nachrüstung von Straßenfahrzeugen zu sauberen Straßenfahrzeugen sowie die sonstige Nachrüstung von Straßenfahrzeugen (§ 3 Z 4 und 5 leg cit).

Für das Nachrüsten von Fahrzeugen gibt es keine Schwellenwerte, sodass bereits das Nachrüsten eines Straßenfahrzeuges zur Erfüllung der Mindestquoten herangezogen werden kann.

C. Ausnahmetatbestände

Angesichts der Tatsache, dass sich der Markt für saubere Fahrzeuge stetig weiterentwickelt, wurde den Mitgliedstaaten in der CVD die Möglichkeit eingeräumt, bestimmte Arten von Straßenfahrzeugen vom Anwendungsbereich auszunehmen. Der österreichische Gesetzgeber hat im SFBG von allen möglichen Ausnahmetatbeständen Gebrauch gemacht. Die ausdrücklich vom SFBG ausgenommenen Fahrzeuge finden sich in § 4 leg cit. Es handelt sich dabei um Fahrzeuge mit besonderen Merkmalen im Zusammenhang mit ihren betrieblichen Anforderungen. Dazu zählen unter vielen anderen Ausnahmen Fahrzeuge, die für den Einsatz im Katastrophenschutz konstruiert wurden, fahrbare Maschinen[23] oder Überlandreisebusse.

D. Zeitlicher Anwendungsbereich

Das SFBG trat am 28.7.2021 in Kraft und gilt für alle Verfahren, die nach dem 2.8.2021 eingeleitet wurden.[24] Nachrüstungen zählen dann, wenn die Zuschlagserteilung nach dem 2.8.2021 erfolgte oder die Aufrüstung nach

21 VO (EG) 1370/2007 über öffentliche Personenverkehrsdienste auf Schiene und Straße, ABl L 2007/315, 1.

22 ErläutRV 941 BlgNR 27. GP, 9; zustimmend *Fruhmann/Ziniel*, NR 2021, 373.

23 Abgestellt wird hier darauf, dass das Fahrzeug hauptsächlich zur Errichtung von Arbeiten konstruiert und gebaut wurde und nicht zur Beförderung von Personen oder Gütern geeignet ist (Müllsammelfahrzeuge fallen nach Ansicht der Kommission explizit nicht unter diesen Ausnahmetatbestand [vgl Frage 1 der Bekanntmachung der KOM, 2020/C 352/01, 1]).

24 § 12 Abs 2 SFBG.

2.8.2021 abgeschlossen wurde. Nachträgliche Änderungen der Gesamtzahl der Straßenfahrzeuge aufgrund einer Vertragsänderung oder einer gerichtlichen Entscheidung sind gemäß § 6 Abs 3 leg cit im Zeitpunkt der Vertragsänderung oder der Entscheidung zu berücksichtigen.[25]

Im Umkehrschluss bedeutet das, dass das SFBG nicht für Altverträge und Rahmenvereinbarungen, deren Vergabeverfahren vor 2.8.2021 eingeleitet wurde, anzuwenden ist; selbst wenn Abrufe nach dem 2.8.2021 erfolgen.

III. Definitionen des SFBG

Das SFBG enthält verschiedene Definitionen, die bei der Umsetzung des Gesetzes essentiell sind und die es voneinander abzugrenzen gilt. So definiert das SFBG zum einen „saubere Straßenfahrzeuge" und spricht zum anderen von „emissionsfreien Straßenfahrzeugen" und es bestehen diesbezüglich Zielvorgaben. Darüber hinaus wird zwischen leichten und schweren Straßenfahrzeugen unterschieden.

A. Fahrzeugklassen

Das SFBG gilt gem Art 4 Abs 1 lit a und b VO (EU) 2018/858[26] für Straßenfahrzeuge der Klassen M (Personenkraftfahrzeuge) und N (Lastkraftfahrzeuge). Diese beiden Klassen werden wie folgt in 3 Kategorien unterteilt:

- Leichte Straßenfahrzeuge der Klassen M1, M2 und N1 („Pkw" und leichte Nutzfahrzeuge bis 3,5 t),
- Schwere Straßenfahrzeuge der Klassen N2 und N3 („Lkw"),
- Schwere Straßenfahrzeuge der Klasse M3 („Busse").

B. Saubere Straßenfahrzeuge

Die Definition des „sauberen leichten Straßenfahrzeuges" betrifft Pkw und leichte Nutzfahrzeuge und basiert auf der Einhaltung der Emissionsgrenzwerte in Anhang I des SFBG. Der Emissionsgrenzwert liegt bis zum 31.12.2025 bei 50 g CO_2/km. Die Definition trifft keine Aussage hinsichtlich der Verwendung bestimmter Kraftstoffe, sodass auch alternative Kraftstoffe verwendet werden können, solange der Grenzwert des Anhang I eingehalten wird. Ab dem 1.1.2026 gilt ein Emissionsgrenzwert von 0 g CO_2/km. Das

25 *Fruhmann/Ziniel*, NR 2021, 375.

26 VO (EU) 2018/858 über die Genehmigung und die Marktüberwachung von Kraftfahrzeugen und Kraftfahrzeuganhängern sowie von Systemen, Bauteilen und selbstständigen technischen Einheiten für diese Fahrzeuge, ABl L 2018/151, 1.

bedeutet, dass ab diesem Zeitpunkt lediglich emissionsfreie Straßenfahrzeuge als „saubere leichte Straßenfahrzeuge“ gelten.[27]

Lkw und Busse gelten per Definition dann als „sauberes Straßenfahrzeug“, wenn sie ausschließlich alternative Kraftstoffe verwenden[28] oder einen Elektroantrieb besitzen[29]. Ein schweres Straßenfahrzeug gilt als emissionsfrei, wenn es über keinen Verbrennungsmotor verfügt oder nur über einen, der im Wesentlichen weniger als 1 g CO_2/km ausstößt.

IV. Quoten für Österreich

Die Mindestanteile gemäß CVD richten sich an die Mitgliedstaaten. Das SFBG legt diese Mindestanteile auf alle Auftraggeber um. Sie gelten daher gem § 5 Abs 3 leg cit für alle Auftraggeber, die in den Anwendungsbereich des SFBG fallen. Auftraggeber müssen sicherstellen, dass innerhalb eines Begutachtungszeitraumes ein Mindestanteil an sauberen Fahrzeugen im Verhältnis zu allen beschafften oder eingesetzten Fahrzeugen erreicht wird. Dabei sind die Mindestquoten an sauberen Fahrzeugen pro Fahrzeugklasse wie folgt zu berechnen:

Fahrzeugklasse	**Begutachtungszeitraum 1: 2.8.21–31.12.25**	**Begutachtungszeitraum 2: 1.1.26–31.12.30**
leichte Straßenfahrzeuge (M1, M2, N1)	**38,5 %**	**38,5 %** nur mehr Null-Emissions-Fahrzeuge gemäß CVD
schwere Straßenfahrzeuge (N2, N3)	**10 %**	**15 %**
Busse (M3)	**45 %** davon 50 % Null-Emissions-Fahrzeuge	**65 %** davon 50 % Null-Emissions-Fahrzeuge

Zu beachten ist, dass eine Rundungsregel nicht anzuwenden ist. Es steht den Auftraggebern frei zu entscheiden, wann und wie die Mindestanteile erfüllt werden. Das bedeutet, es gibt keine Verpflichtung, in jedem Vergabeverfahren die Mindestanteile zu erfüllen. Wichtig ist nur, dass am Ende des Bezugszeitraums die einschlägige Mindestquote erfüllt wird.

27 ErläutRV 941 BlgNR 27. GP, 4.

28 Hier wird am Bundesgesetz zur Festlegung einheitlicher Standards beim Infrastrukturaufbau für alternative Kraftstoffe angeknüpft (BGBl I 2018/38). Die alternativen Kraftstoffe sind insbesondere Elektrizität, Wasserstoff, Biokraftstoffe, synthetische und paraffinhaltige Kraftstoffe, Erdgas, einschließlich Biomethan, gasförmig (komprimiertes Erdgas – CNG) und flüssig (Flüssigerdgas – LNG), und Flüssiggas (LPG).

29 Plug-in-Hybridfahrzeuge zählen in diesem Zusammenhang als „sauber“.

V. Erfassungsgemeinschaften

Nach dem SFBG ist grundsätzlich jeder Auftraggeber verpflichtet, die dort festgelegten Mindestanteile zu erreichen. Um den Auftraggebern ein gewisses Maß an Flexibilität zu ermöglichen, ist im SFBG die Bildung von sogenannten Erfassungsgemeinschaften zugelassen. Eine Erfassungsgemeinschaft ist gem § 2 Z 3 leg cit ein Zusammenschluss von mindestens zwei Auftraggebern, die zumindest für einen Bezugszeitraum die gemeinsame Erreichung von Mindestanteilen gem § 5 leg cit vereinbaren. Es geht bei diesem Zusammenschluss ausschließlich um das gemeinsame Erreichen der Mindestanteile. Eine weitere Zusammenarbeit in Vergabeverfahren oder gemeinsame Beschaffung ist nicht gefordert. Es ist erlaubt, Erfassungsgemeinschaften aus zwei oder mehreren Auftraggebern zu bilden. Ein Auftraggeber kann jedoch für jeden Mindestanteil in einem Bezugszeitraum nur Partei einer Erfassungsgemeinschaft sein.[30] Für Auftraggeber ist zu beachten, dass die Erfassungsgemeinschaft vor dem Ende des jeweiligen Bezugszeitraums gebildet sein muss.[31]

Durch die Bildung einer Erfassungsgemeinschaft können somit mehrere dem SFBG unterliegende Auftraggeber, wobei einer die Quote leichter erfüllen kann als der andere, gemeinsam die Mindestquote erfüllen. Ob und wie sie einen Ausgleich für die gemeinsame Quotenerfüllung vereinbaren, bleibt ihnen überlassen. Dabei können auch branchenübergreifende Gemeinschaften begründet werden.

VI. Berichterstattung und Strafbestimmungen

Die Berichterstattung über die öffentliche Vergabe im Rahmen der Richtlinie wurde eingeführt, um die wirksame Umsetzung der Richtlinie zu überwachen.[32] Damit Österreich seinen Berichterstattungspflichten nach der CVD nachkommen kann, müssen öffentliche Auftraggeber, die Straßenfahrzeuge beschafft haben, gem § 7 leg cit beginnend mit dem Jahr 2029 alle drei Jahre sowie am Ende eines jeden Bezugszeitraums über ihre Beschaffungsvorgänge zu Straßenfahrzeugen berichten. Auftraggeber im Bundesbereich müssen der

30 S § 2 Z 3 SFBG: Ein Auftraggeber kann bspw Partei einer Erfassungsgemeinschaft hinsichtlich leichter Straßenfahrzeuge sowie Partei einer anderen hinsichtlich schwerer Straßenfahrzeuge sein, nicht aber Partei zweier Erfassungsgemeinschaften betreffend leichter Straßenfahrzeuge. Dadurch soll verhindert werden, dass ein Auftraggeber, der die Mindestanteile (deutlich) übererfüllt, saubere Straßenfahrzeuge wie „Zertifikate" an unterschiedlichste Auftraggeber „verkauft". S dazu auch *Fruhmann/Ziniel*, NR 2021, 378.

31 § 5 Abs 2 SFBG.

32 ErwGr 25 Clean Vehicle Directive.

Bundesministerin für Justiz, Auftraggeber im Landesbereich dem jeweiligen Landeshauptmann oder der jeweiligen Landeshauptfrau berichten. Der Inhalt des Berichtes ergibt sich aus Anhang III des SFBG.

Missachtungen der Berichtspflicht in Form der unrichtigen Zurechnung von Fahrzeugen und der Unterlassung der Berichterstattung werden von der zuständigen Bezirksverwaltungsbehörde mit Geldstrafen bis zu EUR 10.000 sanktioniert.[33]

VII. Geldbußen bei Nichterreichung der Quoten

§ 9 leg cit sieht bei Nichterreichung eines oder mehrerer der Mindestanteile gem § 5 leg cit die Verhängung einer Geldbuße über den Auftraggeber vor. Bei der Geldbuße handelt es sich nicht um eine Verwaltungsstrafe, sondern stellt sie vielmehr ein neues Sanktionssystem dar, das die Effektivität der Richtlinienumsetzung sicherstellen soll.[34] Die von der Bezirksverwaltungsbehörde zu verhängende Geldbuße soll insbesondere dazu dienen, den ungerechtfertigten Wettbewerbsvorteil, den ein Auftraggeber durch die Nichtbeachtung der Mindestanteile erzielt hat, auszugleichen.[35] Geldbußen sind vor diesem Hintergrund auch verschuldensunabhängig. Grundsätzlicher Maßstab für die Höhe der Geldbuße ist ihre Wirksamkeit, Verhältnismäßigkeit und Abschreckung. Weiters ist darauf abzustellen, wie viele saubere Straßenfahrzeuge anstelle nicht sauberer Straßenfahrzeuge beschafft und/oder eingesetzt hätten werden müssen, um die Mindestanteile zu erfüllen.

Das Gesetz legt in § 9 Abs 4 lit c leg cit Höchstgrenzen für jede Fahrzeugklasse vor, die sich an den unterschiedlichen Anschaffungskosten orientieren. Die Höchstgrenzen betragen EUR 25.000 für ein leichtes Straßenfahrzeug, EUR 125.000 für ein schweres Straßenfahrzeug der Klasse N2, N3 und M3 sowie EUR 225.000 für ein emissionsfreies schweres Straßenfahrzeug der Klasse M3.[36]

Keine Geldbuße ist zu verhängen, wenn ein Auftraggeber den betreffenden Mindestanteil deshalb nicht erreicht, weil die Beschaffung oder der Einsatz von sauberen Straßenfahrzeugen aufgrund der technischen Eigenschaften der am Markt verfügbaren sauberen Straßenfahrzeuge die Erfüllung seiner Aufgaben ausgeschlossen hätte.[37] Diese Ausnahme ist eng auszulegen.

---

33 S § 8 Abs 2 SFBG.

34 Vgl dazu die stRsp des EuGH, etwa Urteil vom 25.10.2018, Rs C-331/17, *Martina Sciotto*, ECLI:EU:C:2018:859.

35 ErläutRV 941 BlgNR 27. GP, 19.

36 Vorblatt und WFA 941 BlgNR 27. GP, 11 ff.

37 S § 9 Abs 4 letzter Satz SFBG.

Nicht zulässig wäre es zum Beispiel, wirtschaftliche Gründe wie höhere Anschaffungs- und/oder Betriebskosten heranzuziehen.[38]

VIII. Fazit

Das SFBG verpflichtet öffentliche Auftraggeber unabhängig ihres Tätigkeitsbereiches und selbst private Auftraggeber bei der Erfüllung bestimmter öffentlicher Verkehrsdienstleistungsverträge zur schrittweisen Dekarbonisierung ihres Fuhrparks. Zusammengefasst lässt sich dazu feststellen, dass das SFBG die dem Gesetz zugrundeliegende Clean Vehicles Directive der EU scharf umsetzt, ohne Gold-Plating zu betreiben.

Die Nichteinhaltung der Verpflichtungen des SFBG, insbesondere das Verfehlen von Mindestquoten an sauberen Fahrzeugen und die Verletzung der Berichtspflicht, kann Geldstrafen und empfindliche Geldbußen durch die Bezirksverwaltungsbehörde nach sich ziehen. Obwohl keine Verpflichtung im SFBG vorgesehen ist, sofort mit der Anschaffung oder dem Einsatz von sauberen Straßenfahrzeugen zu beginnen, empfiehlt es sich zur Erreichung der Quote von 2021 bis 2025 sowie ab 2026 (wegen strengerer Quoten!) bereits jetzt mit der Einkaufsplanung zu beginnen und Beschaffungen sauberer Fahrzeuge einzutakten. Eine besondere Herausforderung für den Rechtsanwender besteht darin, dass es sich beim SFBG um ein Querschnittsmaterie handelt: Die Einhaltung der Verpflichtungen des SFBG erfordert Know-how im Bereich des SFBG, des Vergaberechts und der Technik. In der Praxis wird sich diese Herausforderung nur im guten und frühzeitigen Zusammenspiel zwischen Techniker und Juristen bewältigen lassen.

Es liegt in der Natur der öffentlichen Beschaffung, dass sie risikoavers ist. Öffentliche Auftraggeber müssen nachweisen, dass sie sorgfältig mit öffentlichen Geldern umgehen. Daraus resultiert eine Tendenz auf Bewährtes zurückzugreifen. Dennoch zählen technisch-wissenschaftliche Innovationen zu den wichtigsten Triebkräften gesellschaftlicher Entwicklung und dienen der Erreichung übergeordneter Ziele wie Umweltschutz, Klimaschutz und Erhaltung der Lebensqualität. Auch wenn die absoluten Zahlen der zu beschaffenden Fahrzeuge nach dem SFBG gering erscheinen, schafft das SFBG einen nachfrageseitigen Marktanreiz für saubere, energieeffiziente Fahrzeuge und vergrößert deren Wahrnehmung in der Öffentlichkeit. Schon allein aus diesem Grund ist das SFBG zu begrüßen und ein wichtiger Schritt in Richtung notwendiger Emissionsreduktion.

38 *Fruhmann/Ziniel*, NR 2021, 377.

Infrastruktur für neue Mobilitätsformen am Beispiel der E-Mobilität

Matthias Zußner

Literaturverzeichnis

Altmann/Rummel, Alles neu bei Tankstellen für alternative Kraftstoffe. Eine Untersuchung der rechtlichen Vorgaben, ZVR 2019, 7; *Bernegger/Mesecke*, Voraussetzungen zur Genehmigung und zum Betrieb von „Elektro-Tankstellen" (Teil I), RdU 2012, 141; BMVIT et al (Hrsg), Nationaler Strategierahmen „Saubere Energie im Verkehr" (2016); Bundeswettbewerbsbehörde, Branchenuntersuchung E-Ladeinfrastruktur (2022); *Cejka*, Öffentliche und private Ladeinfrastruktur für Elektrofahrzeuge heute – und morgen? RdU 2022, 108; *Deuster*, EU-rechtskonforme Finanzierung und Vergabe von öffentlichen Ladesäulen – Teil 1: Beihilfenrecht, KommJur 2021, 41; *Messner/Zierl*, Strafwürdigkeit des unbefugten Gebrauchs von (Elektro-)Fahrrädern, ZVR 2011, 276; *Pfeifer/Nowack*, Der Rechtsrahmen zur Förderung der Elektromobilität unter besonderer Berücksichtigung kommunaler Handlungsmöglichkeiten, ZUR 2019, 650; *Schweditsch*, Das Elektroauto. Die gesetzliche Steuerung der Revolution der Massenmobilität, RdU 2016, 49; *Storr*, Der rechtliche Rahmen für Elektroautos, in Stöger/Storr (Hrsg), Schwerpunkt Energieeffizienz und Verfahrensrecht (2013) 33; *Timmermann*, Rechtspolitische Handlungsoptionen zur Reduzierung der CO_2-Emissionen, EWeRK 2019, 189; *Urbantschitsch*, Richtlinie über den Aufbau der Infrastruktur für alternative Kraftstoffe – Anmerkungen zur Auslegung und Umsetzung, ZTR 2014, 152; *Winner*, Rechtsgutachten zur Preistransparenz bei öffentlichen Ladepunkten für die Elektromobilität (2018).

Inhaltsübersicht

https://doi.org/10.33196/9783704691958-105

I. Einleitung

Die Nachfrage nach Fahrzeugen, die mit alternativen Kraftstoffen betrieben werden, steigt.[1] Freilich trifft das, in absolute Zahlen betrachtet, nicht in dem Ausmaß zu, in dem man sich dies vielleicht erwartet oder erträumt hätte. Doch auch wenn nach wie vor viele Fahrzeuge auf europäischen Straßen unterwegs sind, die mit klassischen Verbrennungsmotoren bewegt werden, beginnen die Zahlen der Neuzulassungen von Elektrofahrzeugen in den letzten Jahren unübersehbar in die Höhe zu schnellen.[2] Ein neuer und bedeutsamer Markt für E-Mobilität ist seit einigen Jahren in Entwicklung begriffen und wird das europäische Mobilitätsgeschehen der Zukunft stark (mit-)beeinflussen.[3] Nicht nur,[4] aber vor allem, der Individualverkehr wird in seinem Fahrwasser eine grundlegende Transformation erfahren.[5]

Die Europäische Kommission spricht indes davon, „[d]en Verkehr in Europa auf Zukunftskurs bringen [zu wollen]“[6], dh diesen nachhaltiger, sauberer, leistbarer und – bezogen auf den Ressourceneinsatz – effizienter werden zu lassen. Der Weg dorthin ist gewiss noch weit, die allgemeine Bedeutung dieses Vorhabens ist aber schon aus heutiger Perspektive unermesslich hoch. Es ist keine Übertreibung festzustellen, dass das Verfehlen des angestrebten Zukunftskurses angesichts der Wechselwirkungen zwischen Mobilitäts- und Energiewende und deren Gesamtbedeutung für den Erhalt unserer natürlichen Lebensgrundlagen ein absolutes Desaster wäre. Es stehen aber nicht nur die damit angesprochenen Klima- und Umweltschutzinteressen am Spiel.[7] Die politische Krise rund um den Angriffskrieg Russlands gegen die Ukraine verdeutlicht, dass eine nachhaltige Mobilitätswende die Beseitigung jener Abhängigkeiten auf den Energiemärkten voraussetzt, die bis heute auch in Europa das Ende der Dominanz fossiler Brennstoffe für

1 S für Österreich unter https://www.beoe.at/statistik/ (abgerufen am 6.12.2022); s auch noch unten bei FN 88.

2 S für Österreich unter https://www.beoe.at/neuzulassungen/ (abgerufen am 6.12.2022).

3 S stellvertretend: Mitteilung der Kommission, Europa in Bewegung: Nachhaltige Mobilität für Europa: sicher, vernetzt und umweltfreundlich, COM(2018) 293 final.

4 Mitteilung der Kommission, Strategie für nachhaltige und intelligente Mobilität: Den Verkehr in Europa auf Zukunftskurs bringen, COM(2020) 789 final, 5 f.

5 Bericht der Bundeswettbewerbsbehörde, Branchenuntersuchung E-Ladeinfrastruktur (2022) 18; vgl aber auch *Pfeifer/Nowack*, Der Rechtsrahmen zur Förderung der Elektromobilität unter besonderer Berücksichtigung kommunaler Handlungsmöglichkeiten, ZUR 2019, 650 (650 FN 3); in Bezug auf E-Fahrräder *Messner/Zierl*, Strafwürdigkeit des unbefugten Gebrauchs von (Elektro-)Fahrrädern, ZVR 2011, 276.

6 Vgl nochmals den Titel der Mitteilung COM(2020) 789 final.

7 Vgl *Timmermann*, Rechtspolitische Handlungsoptionen zur Reduzierung der CO2-Emissionen, EWeRK 2019, 189.

den Verkehrssektor verschleppen[8] und sich damit bekanntlich nicht nur auf Sauberkeit, allgemeine Verfügbarkeit und letztlich Leistbarkeit alternativer Kraftstoffe sowie jener Fahrzeuge, die mit diesen betrieben werden sollen, auswirken, sondern das politische System der EU und die politischen Systeme ihrer Mitgliedstaaten schon viel allgemeiner unter Druck setzen. In einer Gesamtbetrachtung sind in diesem Zusammenhang freilich auch die Wechselwirkungen zwischen E-Mobilität und Digitalisierung mitzuberücksichtigen, zumal der theoretische Endpunkt der von der Union vorangetriebenen digitale Wende ebenfalls der Schutz vor Cyberbedrohungen und den daraus resultierenden politischen Souveränitätseinbußen ist.[9] Deshalb ist längst nicht nur die Bedeutung digitaler Technologien für eine sicherere, effizientere, nachhaltigere oder komfortablere E-Mobilität hervorzuheben.[10] Auch der Umstand, dass gerade der Erfolg des Ausbaus der E-Mobilität ein zentraler Baustein für eine breitere Basis jenes Vertrauens in digitale Technologien sein kann, welches der digitalen Wende erst den Weg bereitet,[11] muss entsprechend Mitberücksichtigung finden und ein weiteres Motiv für den Ausbau der E-Mobilität in Europa sein.

Kurz zusammengefasst gewinnt E-Mobilitäts-basierte Freizügigkeit aufgrund der aktuellen globalen gesellschaftlichen Herausforderungen – mehr noch als dies wohl bislang für klassische Mobilitätsformen gegolten hat – Bedeutung über individuelle Selbstentfaltungsmöglichkeiten in wirtschaftlichen und persönlichen Belangen[12] hinaus, und zwar nicht nur für das weitere Florieren des EU-Binnenmarkts,[13] sondern – noch viel grundlegender – für die Wahrnehmung und den Erhalt kollektiver politischer Selbstbestimmung in Europa. Vermittelt über grundrechtliche Gewährleistungspflichten verstärkt dies fraglos die unionale wie staatliche Infrastrukturverantwortung für den

8 Vgl https://www.elektroauto-news.net/2022/ukraine-krise-kehrtwende-energieversorgung-mobilitaet/ (abgerufen am 6.12.2022).

9 S unter https://digital-strategy.ec.europa.eu/de/activities/cybersecurity-digital-programme (abgerufen am 6.12.2022).

10 Mitteilung der Kommission, Auf dem Weg zur automatisierten Mobilität: eine EU-Strategie für die Mobilität der Zukunft, COM(2018) 283 final.

11 Vgl zur Bedeutung des Vertrauens in Datenverarbeitungen für die Verwirklichung des digitalen Binnenmarkts stellvertretend ErwGr 7 zur VO (EU) 2016/679 des Europäischen Parlaments und des Rates vom 27. April 2016 zum Schutz natürlicher Personen bei der Verarbeitung personenbezogener Daten, zum freien Datenverkehr und zur Aufhebung der RL 95/46/EG (Datenschutz-Grundverordnung), ABl L 2016/119, 1.

12 Vgl *Storr*, Der rechtliche Rahmen für Elektroautos, in Stöger/Storr (Hrsg), Schwerpunkt Energieeffizienz und Verfahrensrecht (2013) 33 (54).

13 Vgl ErwGr 14 zur RL 2014/94/EU des Europäischen Parlaments und des Rates vom 22. Oktober 2014 über den Aufbau der Infrastruktur für alternative Kraftstoffe, ABl L 2014/307, 1.

Ausbau von E-Ladeinfrastruktur[14] als Voraussetzung für ein funktionierendes stromversorgtes Verkehrssystem und macht den Aufbau eines innovativen und wettbewerbsorientierten Markts für E-Ladeinfrastruktur zu einer der entscheidenden politischen Aufgaben unserer Zeit.

Vor diesem Hintergrund analysiert und würdigt der vorliegende Beitrag ausgehend von einer allgemeinen Vorbemerkung zu möglichen Instrumenten des E-Mobilitäts-bezogenen Infrastrukturausbaus im EU-Mehrebenensystem (II.) sowohl den faktischen und rechtlichen Status quo (III.) als auch die Zukunft des entsprechenden Rechtsrahmens (IV.). In einer anschließenden Zusammenfassung werden die wichtigsten Ergebnisse dieses Beitrages prägnant zusammengefasst (V.).

II. Instrumente Infrastrukturausbau Union

Wie eingangs beschrieben, muss dem Aufbau einer Infrastruktur für E-Mobilität in der Union aus ganz verschiedenen Gründen ein besonderer Stellenwert beigemessen werden. Nächstliegender Anknüpfungspunkt einer erfolgreichen unionalen Gesamtpolitik für den Aufbau einer kohärenten E-Ladesäuleninfrastruktur bleibt dennoch die Bedeutung von (zukunftsfähiger) Mobilität für das Funktionieren des EU-Binnenmarkts. Das hat schlichte kompetenzrechtliche Gründe, weil mangels spezieller Ermächtigung erst jene Bedeutung der E-Mobilität für den grenzüberschreitenden Verkehr bzw Austausch von selbstständig und unselbstständig erwerbswirtschaftlich tätigen Personen sowie Waren und Dienstleistungen innerhalb der Union dieser die Möglichkeit gibt, einen harmonisierten Rechtsrahmen für E-Ladesäuleninfrastruktur gestützt auf die sog Binnenmarktkompetenz (Art 114 AEUV) zu etablieren. Einerseits erfordert der Ausbau der E-Mobilität gerade in grenzüberschreitenden Kontexten den kohärenten Aufbau einer Infrastruktur für E-Mobilität. Andererseits kurbelt erst eine kohärente Infrastruktur die Produktion und Abnahme von E-Fahrzeugen im geforderten Ausmaß an.[15] An diesen Gedanken ansetzend, hat die Union vor einigen Jahren eine Richtlinie über den Aufbau der Infrastruktur für alternative Kraftstoffe[16] erlassen (im Folgenden kurz: RL 2014/94/EU). E-Mobilität nimmt darin als eine von mehreren alternativen Kraftstoffformen eine zentrale Rolle ein.[17] Die Europäische Kommission ist gerade dabei, den entsprechenden Rechts-

14 Fraglich ist daher, ob nicht nur die Schutzpflichten-, sondern auch die Eingriffsdogmatik greift, wenn heute keine für den Grundrechtsschutz erforderlichen Maßnahmen gesetzt werden, die sich in der Zukunft nicht mehr nachholen lassen, vgl BVerfG 24.3.2021, 1 BvR 2656/18 (Klimabeschluss des BVerfG).

15 Zum Zusammenspiel vgl ErwGr 22 zur RL 2014/94/EU.

16 Für die Fundstelle s nochmals oben FN 13.

17 Vgl nur ErwGr 24ff zur RL 2014/94/EU.

rahmen nach einer Evaluation der RL 2014/94/EU auf neue Beine zu stellen, indem die bestehenden Verpflichtungen konkretisiert und als Verordnung neu erlassen werden sollen.[18]

Bevor der normative Status quo der RL 2014/94/EU erhoben und die geplanten Neuerungen im Rahmen der Erlassung einer im Entwurf bereits präsentierten Verordnung über den Aufbau der Infrastruktur für alternative Kraftstoffe[19] analysiert werden sollen, gilt es diesen Ausführungen hier – wenn auch nur schlaglichtartige – Bemerkungen über eine politische Gesamtstrategie des Ausbaus der E-Mobilität voranzustellen: Erstens lässt sich der kohärente Aufbau einer Infrastruktur von E-Mobilität nicht allein mit Erlassung neuer bzw der Revision bestehender harmonisierter Rechtsvorschriften bewerkstelligen. Gerade in der Aufbauphase unverzichtbar sind unmittelbare finanzielle Maßnahmen zur Förderung von Innovationen im Bereich der E-Mobilität, wie sie von der Union bereits selbst ergriffen werden[20] und noch weiter ausgebaut werden sollten. Gleiches gilt für die innovationsfreundliche Handhabung der beihilfenrechtlichen Vorgaben der Art 107–109 AEUV, weil erst sie es den Mitgliedstaaten der Union ermöglicht, Anreize für – notwendige private Investitionen in öffentlich zugängliche E-Ladeinfrastrukturen zu setzen.[21]

Neben dem notwendigen „Augenmaß“ in beihilferechtlichen Fragen[22] ist einer der wohl wichtigsten Faktoren für das Gelingen des Ausbaus einer angemessenen E-Ladeinfrastruktur in Europa eine adäquate Koordination bei gleichzeitiger Etablierung der dafür erforderlichen Datensammlungen und Informationskanäle. Die Kommission hat auch in der zweiteren Frage eine zentrale Aufgabe wahrzunehmen.[23] Ein entsprechender Rahmen für eine koordinierte Planung unter Aufsicht bzw mit zentraler Vermittlerrolle durch die EU-Kommission wurde bereits auf der Grundlage der RL 2014/94/EU rechtlich institutionalisiert und ist in dieser Form noch heute in Gel-

18 Vgl insbesondere ErwGr 37f zur RL 2014/94/EU.

19 Vorschlag für eine VO des Europäischen Parlaments und des Rates über den Aufbau der Infrastruktur für alternative Kraftstoffe und zur Aufhebung der RL 2014/94/EU des Europäischen Parlaments und des Rates, COM(2021) 559 final.

20 ZB Cluster 5 der 2. Säule von Horizon 2020, s unter https://research-and-innovation.ec.europa.eu/funding/funding-opportunities/funding-programmes-and-open-calls/horizon-europe/cluster-5-climate-energy-and-mobility_en (abgerufen am 6.12.2022).

21 Vgl Art 3 Abs 5 RL 2014/94/EU; s zB die Pressemitteilung der Kommission zur Genehmigung der staatlichen Beihilfen für deutsche Elektroauto-Infrastruktur, 13.2.2017; s aber auch https://germany.representation.ec.europa.eu/news/staatliche-beihilfen-kommission-genehmigt-deutsche-elektroauto-infrastruktur-2017-02-13_de (abgerufen am 6.12.2022). Weiterführend (anstatt vieler) zB *Deuster*, EU-rechtskonforme Finanzierung und Vergabe von öffentlichen Ladesäulen – Teil 1: Beihilfenrecht, KommJur 2021, 41 (42ff).

22 Vgl nochmals die Nachweise in FN 21.

23 Vgl auch die Leitlinienkompetenz der Kommission, Art 3 Abs 9 RL 2014/94/EU.

tung. Demnach hatte jeder Mitgliedstaat der Kommission erstmals bis zum 18.11.2016 einen nationalen Strategierahmen für die Marktentwicklung bei alternativen Kraftstoffen im Verkehrsbereich und für den Aufbau der entsprechenden Infrastrukturen vorzulegen.[24] Seitdem ist diese Vorlage alle drei Jahre zu wiederholen.[25] Der Mindestinhalt des nationalen Strategierahmens umfasst dabei nicht nur die datenbasierte Erhebung des Status quo, sondern schließt auch eine Entwicklungsprognose des Markts für alternative Kraftstoffe mit ein. Konkret sind nationale Einzel- und Gesamtziele iZm dem Aufbau der Infrastruktur für alternative Kraftstoffe vorzulegen, insbesondere auch für die Stromversorgung des Verkehrs. Jeder Mitgliedstaat hat im nationalen Strategierahmen für den Ausbau des Netzes öffentlich zugänglicher Ladepunkte sowohl zahlenmäßige Zielsetzungen als auch begleitende Maßnahmen festzulegen.[26] Nach Art 3 Abs 8 RL 2014/94/EU veröffentlicht die Kommission auf der Grundlage der nationalen Strategierahmen Informationen zu den von jedem Mitgliedstaat angegebenen nationalen Einzel- und Gesamtzielen, insbesondere zum Punkt der Anzahl öffentlich zugänglicher Ladepunkte, und aktualisiert diese Informationen regelmäßig. Damit haben sich die nationalen Strategierahmen ungeachtet fehlender spezieller Sanktionsvorschriften für die Nichteinhaltung der selbstgesetzten Ziele längst als wichtige Basis weiterer anknüpfender politischer Maßnahmen für den Bereich der E-Ladeinfrastruktur erwiesen, etwa in Bezug auf die Frage, ob Koordinierungsmaßnahmen verstärkt, finanzielle Förderungen erhöht werden und/oder zielgerichteter erfolgen sollten. Letztlich ist auch die Evaluierung des geltenden Sekundärrechtsrahmens und die Überlegung der Erlassung einer Verordnung anstelle der RL 2014/94/EU ein Ergebnis dieses wechselseitigen Informationsgewinnungs- und -bereitstellungsprozesses.

Neben der finanziellen Förderung des Ausbaus von E-Ladeinfrastruktur und einer Koordination des Voranschreitens sowie der anschließenden Umsetzung dieser Planung auch durch Informationsaustausch, insbesondere zwischen der EU-Kommission und den EU-Mitgliedstaaten, spielen zweifellos auch mittelbare Impulse durch flankierende rechtliche Verpflichtungen eine bestimmende Rolle, soweit sie sich positiv auf die Nachfrage von E-Mobilität und die dazugehörige E-Ladeinfrastruktur auswirken. Neben (je nationalen) steuerrechtlichen Begünstigungen betreffend den Erwerb und Besitz von E-Fahrzeugen[27] ist in diesem Zusammenhang vor allem auf die unionsweite verbindliche Festlegung zur gezielten Verringerung von CO_2-Emissionsnormen zu verweisen, wie sie bereits für neue Personenkraftwagen

24 Art 3 Abs 7 RL 2014/94/EU.
25 Art 3 Abs 1, 10 Abs 1 RL 2014/94/EU.
26 Art 4 Abs 1, 3 RL 2014/94/EU.
27 *Salmhofer* in diesem Band.

und neue leichte Nutzfahrzeuge[28] sowie für neue schwere Nutzfahrzeuge[29] bestehen. Ebenfalls mittelbare Impulse für den Ausbau der E-Mobilität sowie der dazu benötigten Ladeinfrastruktur gehen schließlich von Rechtsvorschriften aus, die den Ausbau erneuerbarer Energien vorantreiben,[30] weil der Ausbau der erneuerbaren Energien innerhalb der Union hierzulande mehr Preisstabilität für Strom im Allgemeinen bewirken[31] und zugleich die Verfügbarkeit von nachhaltigem Strom als Kraftstoff für Fahrzeuge und damit die Motivation für den individuellen Wechsel zur E-Mobilität erhöhen wird.[32]

III. Richtlinie 2014/94/EU über den Aufbau der Infrastruktur für alternative Kraftstoffe

A. Unionsrechtliche Vorgaben

Um insgesamt die Abhängigkeiten der Union von fossilen Brennstoffen zu verringern und die Umweltbelastungen durch den Verkehr zu begrenzen, wurde die RL 2014/94/EU über den Aufbau der Infrastruktur für alternative Kraftstoffe erlassen.[33] Konkret werden damit Mindestanforderungen für die Errichtung der Infrastruktur für alternative Kraftstoffe einschließlich Ladepunkten für E-Fahrzeuge sowie Erdgas- und Wasserstofftankstellen festgelegt, die von den Mitgliedstaaten durch ihre – bereits erwähnten – nationalen Strategierahmen umzusetzen sind.[34] Die RL 2014/94/EU soll zwar durch eine Verordnung ersetzt werden,[35] ist aber bis heute in Kraft[36] und ihr normativer Inhalt ist die Grundlage der geplanten neuen Verordnung.

---

28 Vgl insb Art 4 VO (EU) 2019/631 des Europäischen Parlaments und des Rates vom 17. April 2019 zur Festsetzung von CO_2-Emissionsnormen für neue Personenkraftwagen und für neue leichte Nutzfahrzeuge und zur Aufhebung der Verordnungen (EG) 443/2009 und (EU) 510/2011, ABl L 2019/111, 13; vgl aber auch den Vorschlag COM(2021) 556 final für die Zeit nach 2020.

29 Vgl insb Art 6 VO (EU) 2019/1242 des europäischen Parlaments und des Rates vom 20. Juni 2019 zur Festlegung von CO_2-Emissionsnormen für neue schwere Nutzfahrzeuge und zur Änderung der Verordnungen (EG) 595/2009 und (EU) 2018/956 des Europäischen Parlaments und des Rates sowie der RL 96/53/EG des Rates, ABl L 2019/198, 202.

30 RL 2018/2001/EU des Europäischen Parlaments und des Rates vom 11. Dezember 2018 zur Förderung der Nutzung von Energie aus erneuerbaren Quellen, ABl L 2018/328, 82.

31 S https://www.elektroauto-news.net/2022/ukraine-krise-kehrtwende-energieversorgung-mobilitaet (abgerufen am 6.12.2022).

32 Vgl bereits zu alledem auch *Storr*, in Stöger/Storr (Hrsg) 34.

33 ErwGr 6 und 8 zur RL 2014/94/EU.

34 Art 1 RL 2014/94/EU.

35 S noch eingehend unten Kapitel IV.

36 Zur RL 2014/94/EU bzw zu ihrem Entwurf im Allgemeinen *Storr*, in Stöger/Storr (Hrsg) 39 ff; *Urbantschitsch*, Richtlinie über den Aufbau der Infrastruktur für alter-

Hinsichtlich des Ausbaus der E-Ladeinfrastruktur wurden die Mitgliedstaaten mit der RL 2014/94/EU dazu verpflichtet, anhand ihrer nationalen Strategierahmen sicherzustellen, dass bis spätestens 31. Dezember 2020 eine angemessene Anzahl von öffentlich zugänglichen Ladepunkten errichtet wird, damit E-Fahrzeuge zumindest in städtischen bzw vorstädtischen Ballungsräumen und anderen dicht besiedelten Gebieten sowie allenfalls auch in Netzen, die von den Mitgliedstaaten als solche bestimmt werden, verkehren können. Als „öffentlich zugänglich" gilt ein E-Ladepunkt bzw eine entsprechende Tankstelle dann, wenn alle Nutzer aus der Union nichtdiskriminierenden Zugang zum angebotenen Strom haben; solange aber dieses Kriterium (noch) erfüllt ist,[37] schadet es aber in rechtlicher Hinsicht nicht, wenn der Zugang zu E-Ladepunkte nur mittels besonderem Authentifizierungssystem, wie einer Ladekarte, besonderen Zahlungsfunktionen oder Mitgliedschaftssystemen (zB Car-Sharing-Organisationen) zur Nutzung offensteht. Detaillierte Regelungen über die Zahlungsmodalitäten im Zusammenhang mit E-Ladepunkten sind damit in der RL 2014/94/EU noch nicht enthalten.

Die von den Mitgliedstaaten aufzubauende angemessene Mindestanzahl an E-Ladepunkten richtet sich gemäß Art 4 RL 2014/94/EU – auch heute noch – nach einer Schätzung der bis Ende 2020 zugelassenen Elektrofahrzeuge. Bei der Überwachung der angemessenen Ziele war für die Kommission zwar nach der RL 2014/94/EU nicht nur der Zeitraum bis 2020 relevant, sondern von Beginn an auch die Zielsetzung, dass bis zum 31.12.2025 zumindest im TEN-V-Kernnetz in städtischen bzw vorstädtischen Ballungsräumen und anderen dicht besiedelten Gebieten eine angemessene Anzahl von öffentlich zugänglichen Ladepunkten verfügbar ist. Die Kommission, die hinsichtlich gemeinsamer Anforderungen an die technischen Spezifikationen von E-Ladeinfrastruktur, welche vor allem die Stecker betreffen,[38] Ergänzungen zur RL 2014/94/EU mittels delegierter Rechtsakte erlassen kann,[39] hat aber keine Befugnis, die Mindestvorgaben für den Ausbau der E-Ladeinfrastruktur zu konkretisieren oder zumindest mittelbar durch

native Kraftstoffe – Anmerkungen zur Auslegung und Umsetzung, ZTR 2014, 152 (152ff).

37 Art 2 Nr 7 RL 2014/94/EU.

38 Vgl im Allgemeinen Art 4 Abs 4 iVm Anhang II RL 2014/94/EU; weiterführend *Schweditsch*, Das Elektroauto. Die gesetzliche Steuerung der Revolution der Massenmobilität, RdU 2016, 49 (50f mwN).

39 Art 4 Abs 14 RL 2014/94/EU. Zuletzt: Delegierte VO (EU) 2019/1745 der Kommission vom 13. August 2019 zur Ergänzung und Änderung der RL 2014/94/EU des Europäischen Parlaments und des Rates im Hinblick auf Ladepunkte für Kraftfahrzeuge der Klasse L, die landseitige Stromversorgung für Binnenschiffe, die Wasserstoffversorgung für den Straßenverkehr und die Erdgasversorgung für den Straßen- und Schiffsverkehr sowie zur Aufhebung der Delegierten VO (EU) 2018/674 der Kommission, ABl L 2019/268, 1.

Festlegung eines anderen Prognosezeitraums zu erhöhen oder sonst zu verändern.[40]

Darüber hinaus ist bei der für die Festlegung im jeweiligen nationalen Strategierahmen vorzunehmenden Prognose über die bis Ende 2020 zugelassenen Elektrofahrzeuge längst nicht nur der Faktor der – vor allem in städtischen und vorstädtischen Ballungsräumen gegebenen – tatsächlichen Nachfrage maßgebend. Vielmehr ist die Nachfrage jedenfalls mit den – der genauen Nachfrage möglicherweise noch zum Teil entgegenstehenden – Bedürfnissen der einzelnen Verkehrsträger im jeweiligen Mitgliedstaat sowie allfälligen anderen faktischen Gegebenheiten, die für Reichweite und Grenzen des Ausbaus von E-Infrastruktur eine Rolle spielen, in Beziehung zu setzen.[41] Schließlich sind auch die Interessen der regionalen und lokalen Behörden sowie der betroffenen interessierten Kreise bei der Festlegung von Zielen und Maßnahmen für den Aufbau der E-Ladeinfrastruktur miteinzubeziehen.[42] Die Entwicklungen in den anderen, insbesondere den angrenzenden Mitgliedstaaten sind zum Zweck von Koordination und Kohärenz ebenfalls zu berücksichtigen.[43]

Die Erfüllung dieser Umsetzungsverpflichtung aus der RL 2014/94/EU erfolgt in Österreich bis heute im nationalen Strategierahmen „Saubere Energie im Verkehr“:[44] Bis 2020 hat man sich darin für den Ausbau der öffentlich zugänglichen E-Ladeinfrastruktur das Ziel des Bestands von 3.000 bis 4.000 Normal- sowie von 500 bis 700 Schnelladepunkten gesetzt. Bis 2025 bzw 2030 soll der weitere Ausbau öffentlich zugänglicher E-Ladepunkte nach den Entwicklungen der „Marktlage“ erfolgen; konkrete (neue) Ziele hat man sich keine gesetzt. Nun hat Österreich zwar die im nationalen Strategierahmen zur Erreichung bis 2020 festgelegten Ziele ohnehin weit übertroffen,[45] trotzdem ist die zahlenmäßig nicht näher konkretisierte Planung des Ausbaus der E-Ladeinfrastruktur in Österreich zu kritisieren, weil dieser Umstand es anderen – und vor allem den angrenzenden Mitgliedstaaten – schwerer macht, ihre mittel- und langfristige Planung, so wie durch den Unionsgesetzgeber eigentlich intendiert,[46] wiederum auf österreichische Entwicklungen abzustimmen.

40 Vgl Art 8 RL 2014/94/EU; vgl auch Art 9 Abs 5 RL 2014/94/EU.
41 Art 3 Abs 2 RL 2014/94/EU.
42 Art 3 Abs 3 RL 2014/94/EU.
43 Art 3 Abs 4 RL 2014/94/EU.
44 Dazu und zum Folgenden BMVIT et al, Nationaler Strategierahmen „Saubere Energie im Verkehr“ (2016), insb 25, https://www.bmk.gv.at/themen/mobilitaet/alternative_verkehrskonzepte/elektromobilitaet/recht/saubere-energie.html (abgerufen am 6.12.2022).
45 S noch unten bei FN 86.
46 Vgl Art 3 Abs 1 und 4 der RL 2014/94/EU.

Mit einer Reihe weiterer Einzelvorgaben soll der Rechtsrahmen der RL 2014/94/EU gewährleisten, dass es einen wettbewerbsorientierten Markt für E-Ladeinfrastruktur entsteht, der selbst förderlich auf den Ausbau öffentlich zugänglicher Ladepunkte in der Union zurückwirkt. Zunächst werden die Betreiber öffentlich zugänglicher Ladepunkte dazu verpflichtet, dass sie allen Nutzern von Elektrofahrzeugen das punktuelle Auflagen ermöglichen, ohne dass also zuvor ein (Rahmen-)Vertrag mit dem betreffenden Elektrizitätsversorgungsunternehmen oder dem Betreiber geschlossen werden muss.[47] Weiters müssen die Preise, die von den Betreibern öffentlich zugänglicher Ladepunkte berechnet werden, angemessen, einfach und eindeutig vergleichbar, transparent und nichtdiskriminierend sein.[48] Außerdem müssen bei der Anzeige von Kraftstoffpreisen an Tankstellen Vergleichspreise zu Informationszwecken angezeigt werden, die sich gegebenenfalls auf eine Maßeinheit beziehen und den Verbraucher nicht irreführen oder verwirren dürfen.[49] Sofern dies technisch möglich sowie wirtschaftlich vertretbar ist, sollen schließlich beim Aufladen von Elektrofahrzeugen an öffentlich zugänglichen Ladepunkten intelligente Verbrauchserfassungssysteme[50] zum Einsatz kommen, damit – so die Idee – die damit verfügbaren Echtzeit-Informationen das Aufladen zugunsten des Stromnetzes und der Verbraucher noch transparenter gestalten sowie eine Verbrauchsoptimierung ermöglichen.[51]

Um nicht nur die Kunden, sondern auch (wirtschaftlich schwächer gestellte) Betreiber von E-Ladeinfrastruktur vor einem unfairen Wettbewerb am Lademarkt zu schützen, müssen die Mitgliedstaaten vier Punkte umsetzen: Erstens muss sichergestellt werden, dass die Verteilernetzbetreiber mit jeder Person, die öffentlich zugängliche Ladepunkte errichtet oder betreibt, nichtdiskriminierend zusammenarbeiten.[52] Zweitens muss sichergesellt werden, dass der Vertrag über die Stromversorgung für einen Ladepunkt mit einem anderen Versorgungsunternehmen als demjenigen geschlossen werden kann, der den Haushalt oder die Betriebsstätte mit Strom beliefert, in dem bzw in der sich dieser Ladepunkt befindet.[53] Drittens muss sichergestellt sein, dass die Betreiber von öffentlich zugänglichen Ladepunkten von jedem Elektrizitätsversorgungsunternehmen in der Union – vorbehaltlich der Zustimmung des Versorgungsunternehmens – ungehindert Strom beziehen

---

47 Art 4 Abs 9 RL 2014/94/EU.

48 Art 4 Abs 10 RL 2014/94/EU.

49 Art 7 Abs 3 RL 2014/94/EU.

50 Art 2 Nr 28 RL 2012/27/EU des Europäischen Parlaments und des Rates vom 25. Oktober 2012 zur Energieeffizienz, zur Änderung der Richtlinien 2009/125/EG und 2010/30/EU und zur Aufhebung der Richtlinien 2004/8/EG und 2006/32/EG, ABl L 2012/315, 1.

51 Art 4 Abs 7 RL 2014/94/EU.

52 Art 4 Abs 11 RL 2014/94/EU.

53 Art 4 Abs 12 RL 2014/94/EU.

können.[54] Nicht von den Mitgliedstaaten ausgeschlossen werden darf – viertens –, dass die Betreiber von E-Ladeinfrastruktur den Kunden ihre Leistungen zum Aufladen von E-Fahrzeugen auch auf der Grundlage eines Vertrags entweder im eigenen Namen oder im Namen und Auftrag anderer Dienstleister erbringen.[55]

B. Umsetzung und Würdigung

Während die zuvor genannten nationalen Ziele hinsichtlich des Ausbaus der Infrastruktur für E-Mobilität in Österreich im nationalen Strategierahmen „Saubere Energie im Verkehr" festgelegt werden,[56] ist zur Umsetzung der sonstigen Verpflichtungen aus der RL 2014/94/EU das Bundesgesetz zur Festlegung einheitlicher Standards beim Infrastrukturaufbau für alternative Kraftstoffe[57] (im Folgenden kurz: InfrastrukturaufbauG) erlassen worden.[58] Wie in der RL 2014/94/EU vorgesehen und durch den Bundesgesetzgeber nicht weiter konkretisiert, dürfen Betreiber von Ladepunkten den Kunden Leistungen zum Aufladen von Elektrofahrzeugen auch im Namen und Auftrag anderer Dienstleister erbringen, müssen aber jedenfalls (auch) ein punktuelles Aufladen ermöglichen, dh ein Aufladen ohne Abschlussverpflichtung eines Dauerschuldverhältnisses, und dabei (alle) gängigen Zahlungsarten akzeptieren.[59]

Auch in den Begriffsbestimmungen werden im Wesentlichen die Begriffsdefinitionen durch den Unionsgesetzgeber weitestgehend unverändert nachvollzogen.[60] IdS gilt etwa ein E-Ladepunkt als öffentlich zugänglich, wenn dort Strom als Kraftstoff angeboten wird und alle Nutzer aus der Union nichtdiskriminierenden Zugang zu diesem Ladepunkt haben, wobei verschiedene Arten der Authentifizierung, Nutzung und Bezahlung nichts an der öffentlichen Zugänglichkeit des Ladepunkts ändern sollen.[61] Bemerkenswert ist dagegen, dass festgelegt wurde, wann ein Ladepunkt als öffentlich zugänglich, dh jedenfalls mit nichtdiskriminierenden Zugang für alle Nut-

54 Art 4 Abs 8 RL 2014/94/EU.
55 Art 4 Abs 8 RL 2014/94/EU.
56 S bereits oben Kapitel II.
57 Bundesgesetz zur Festlegung einheitlicher Standards beim Infrastrukturaufbau für alternative Kraftstoffe, BGBl I 2018/38, zuletzt BGBl I 2021/150.
58 S hierzu § 1a InfrastrukturaufbauG, wobei sich das genannte Gesetz in Bezug auf dessen § 3 Abs 5, § 4a und § 5 Abs 2 leg cit auf eine (statische) Kompetenzdeckungsklausel stützt, die insoweit nicht nur die Gesetzgebung durch den Bund, sondern auch einen Vollzug der entsprechenden Angelegenheiten in unmittelbarer Bundesverwaltung legitimiert.
59 § 3 Abs 1 und Abs 4 InfrastrukturaufbauG.
60 § 2 InfrastrukturaufbauG.
61 Vgl § 2 Z 6 InfrastrukturaufbauG.

zer aus der Union, betrieben werden muss, es sei denn, dass zwingende betriebliche Erfordernisse eine Einschränkung des Nutzerkreises erfordern (§ 3 Abs 2 und Abs 3 InfrastrukturaufbauG). Eine solche grundsätzliche Pflicht zum Betrieb als öffentlich zugänglicher Ladepunkt besteht nach § 2 Abs 2 leg cit dann, wenn sich dieser erstens auf öffentlichem Grund oder einer öffentlichen Verkehrsfläche befindet, er sich – zweitens – an einem Standort befindet, der die kombinierte Nutzung öffentlicher Verkehrsmittel und umweltfreundlicher Fahrzeuge ermöglicht, insbesondere an Haltestationen der öffentlichen Verkehrsmittel oder Parkplätzen, an Bahnhöfen oder an Flughäfen, er sich – drittens – an einer Rastanlage im hochrangigen Straßennetz oder – viertens – an einer Tankstelle oder auf einem Tankstellenareal befindet.[62] Nach § 3 Abs 5 leg cit haben Betreiber von öffentlich zugänglichen Ladepunkten Angaben zu ihren öffentlich zugänglichen Ladepunkten im Ladestellenverzeichnis zu machen,[63] dass von der E-Control geführt wird,[64] welche ihrerseits verpflichtet ist, zur Preistransparenz beizutragen.[65] Für die Preisauszeichnung bei bzw an E-Ladepunkten bzw -tankstellen findet sich im InfrastrukturaufbauG zwar keine spezifische Regelung,[66] die (allgemeine) Bestimmung in Bezug auf Informationen zum Dienstleistungserbringer gemäß § 22 DLG[67] ist aber anwendbar[68] und muss mE im Lichte der RL 2014/94/EU auch so verstanden werden, dass entsprechende Informationen eine einfache und eindeutige Vergleichbarkeit der Preise iSd Art 4 Abs 10 leg cit miteinschließen, ohne dass es erst einer individuellen Anfrage brauchen würde.[69]

Die technischen Spezifikationen für öffentlich zugängliche E-Ladepunkte und E-Tankstellen müssen mindestens den entsprechenden Vorgaben des Anhanges II der RL 2014/94/EU entsprechen, sind aber erst mit Verordnung

---

62 § 3 Abs 2 und 3 InfrastrukturaufbauG.

63 § 4a InfrastrukturaufbauG.

64 § 4 InfrastrukturaufbauG.

65 § 4b InfrastrukturaufbauG.

66 *Altmann/Rummel*, Alles neu bei Tankstellen für alternative Kraftstoffe. Eine Untersuchung der rechtlichen Vorgaben, ZVR 2019, 7 (12).

67 Bundesgesetz über die Erbringung von Dienstleistungen (Dienstleistungsgesetz – DLG), BGBl I 2011/100, zuletzt BGBl I 2018/32.

68 Mit eingehender (historischer und systematischer) Begründung, warum nicht das Preisauszeichnungsgesetz, sondern das Dienstleistungsgesetz anwendbar ist *Winner*, Rechtsgutachten zur Preistransparenz bei öffentlichen Ladepunkten für die Elektromobilität (2018) 12 und 17, https://www.arbeiterkammer.at/interessenvertretung/wirtschaft/energiepolitik/AK_Gutachten_Elektromobilitaet_August_2018.pdf (abgerufen am 6.12.2022).

69 Vgl § 22 Abs 2 und insb Abs 3 DLG. *Winner*, Rechtsgutachten 17f, ist wohl anderer Meinung; dass das Ergebnis einer Norm zu Lasten eines Einzelnen gehen kann, steht einer richtlinienkonformen Interpretation aber nicht entgegen (vgl zB OGH 15.2.2011, 4 Ob 208/10g).

festzulegen.[70] Für Anlagen, die zwischen dem 18. November 2017 und dem Inkrafttreten des InfrastrukturaufbauG errichtet oder erneuert worden sind, gelten die entsprechenden technischen Spezifikationen erst nach Ablauf einer Übergangsfrist von sechs Monaten ab Inkrafttreten der entsprechenden Verordnung, was dem Verordnungsgeber die Möglichkeit gibt, das Inkrafttreten gesetzlicher Verpflichtungen zu bestimmen bzw mitzubestimmen.[71]

Als Zwischenfazit kann daher festgehalten werden, dass die RL 2014/94/EU ein Bündel an Verpflichtungen enthält, die jeweils offen und in sich unklar formuliert und in Österreich durchwegs nicht (viel) näher konkretisiert werden. Die vorgeschlagene VO, welche an die Stelle der RL 2014/94/EU treten soll, wird genau aus diesem Grund konkretere und darüber hinaus unmittelbar anwendbare Verpflichtungen für die Akteure des Markts für E-Ladeinfrastruktur enthalten. Es ist daher an dieser Stelle überflüssig und erschient auch angesichts des vorliegenden (und noch zu besprechenden) Verordnungsvorschlages redundant, an dieser Stelle nochmals alle Offen- und Mehrdeutigkeiten, die in der RL 2014/94/EU angelegt sind und sich derweilen noch im InfrastrukturaufbauG widerspiegeln, auszubreiten.

Demgegenüber gilt es festzustellen, dass die österreichische Gesetzeslage in jenen Materien, die für die Errichtung und den Betrieb von E-Ladeinfrastruktur besonders einschlägig sind, sehr liberal ausgestaltet ist. Der gewerbliche Betrieb von E-Ladestationen gilt nicht als Stromhandel oder als Tätigkeit von Verteilernetzbetreibern, unterfällt also nicht dem Anwendungsbereich des ElWOG[72], sondern dem der GewO[73].[74] Zumal in der GewO nicht als reglementiertes Gewerbe genannt,[75] gilt der Betrieb von E-Ladestationen berufsrechtlich als freies Gewerbe, darf also unter den allgemeinen Gewerbeantrittsvoraussetzungen und damit ohne Befähigungsnachweis bereits nach ordnungsgemäßer Anmeldung[76] ausgeübt werden.[77]

70 § 4 Abs 1 und Abs 4 InfrastrukturaufbauG.

71 Dass der Verordnungsgeber im Ergebnis den Zeitpunkt des Inkrafttretens einer gesetzlichen Verpflichtung (mit-)bestimmen darf, ist im vorliegenden Zusammenhang deshalb unproblematisch, weil das Gesetz dies nur für bestimmte Übergangsfälle anordnet und der Inhalt der Verordnung selbst durch das Gesetz ausreichend vorherbestimmt ist; s hierzu mit überzeugenden Argumenten, aber auch mit Nachweisen zu grundsätzlichen Zweifeln an einer solchen Vorgehensweise *Altmann/Rummel*, ZVR 2019, 10ff, 12.

72 Bundesgesetz, mit dem die Organisation auf dem Gebiet der Elektrizitätswirtschaft neu geregelt wird (Elektrizitätswirtschafts- und -organisationsgesetz 2010 – ElWOG 2010), BGBl I 2010/110, zuletzt BGBl I 2023/5.

73 Gewerbeordnung 1994 – GewO 1994, BGBl 1994/194 (WV), zuletzt BGBl I 2022/204.

74 VwGH 18.9.2019, Ro 2018/04/0010; *Altmann/Rummel*, ZVR 2019, 8ff.

75 § 94 GewO.

76 *Bernegger/Mesecke*, Voraussetzungen zur Genehmigung und zum Betrieb von „Elektro-Tankstellen“ (Teil I), RdU 2012, 141 (144, auch mwN).

77 § 5 Abs 1 und 2 GewO.

Der nicht bloß vorübergehende gewerbliche Betrieb von einzelnen E-Ladestationen an einem bestimmten Ort erfordert in der Regel auch keine (gesonderte) Betriebsanlagengenehmigung.[78] Die Errichtung von E-Ladepunkten ist auch aus dem Anwendungsbereich aller Baugesetze bzw Bauordnungen der Länder ausgenommen und damit auch nicht baubewilligungspflichtig.[79] Unter der Voraussetzung, dass kein Gemeingebrauch vorliegt, also jedenfalls dann, wenn ein einzelner Privater im öffentlichen Raum einen E-Ladepunkt betreiben möchte, ist nach den Regeln des entsprechenden Landes-Straßenrecht die Bewilligung einer Sondernutzung für die öffentliche Fläche und idR auch zusätzlich das zivilrechtliche Einverständnis für den Sondergebrauch einzuholen.[80] Im privaten Bereich kann die Zustimmung anderer Wohnungseigentümer zur Anbringung einer Vorrichtung zum Langsamladen eines elektrisch betriebenen Fahrzeugs inzwischen auf der Grundlage des § 16 Abs 2 Z 2 WEG[81] gerichtlich ersetzt werden (sogenanntes „Right-to-plug").[82] Wo eine Liegenschaft im Alleineigentum steht, braucht ohnehin keine entsprechende Zustimmung anderer für die Errichtung eingeholt werden. Ungeachtet dessen kann der Betrieb von E-Ladepunkten aber freilich auch weiterhin faktisch an einem (noch) unzureichenden Netzausbaus scheitern, der nur nach den entsprechenden energierechtlichen Genehmigungsvorschriften (zB starkstromwegerechtliche Bewilligung[83]) und -modalitäten behoben werden kann.

Umgekehrt sehen die BauG bzw BauO der Länder in Umsetzung der Gebäudeeffizienz-RL[84] in ihren bautechnischen Vorschriften vor, dass jedenfalls bei der Neuerrichtung bestimmter Wohn- oder Nichtwohngebäude,

---

78 Dies liegt nach allgemeinen Regeln darin begründet, dass die Voraussetzungen des § 74 Abs 2 GewO nicht erfüllt sein werden, weil im Standardfall keine entsprechenden Gefährdungen, Belästigungen oder sonstigen Beeinträchtigungen von einzelnen E-Ladestationen ausgehen werden.

79 Vgl stellvertretend § 3 Z 7 Stmk BauG, Gesetz vom 4. April 1995, mit dem Bauvorschriften für das Land Steiermark erlassen werden (Steiermärkisches Baugesetz – Stmk BauG), LGBl 1995/59, zuletzt LGBl 2022/208.

80 Vgl stellvertretend § 5 Gesetz vom 16. November 1988 über die öffentlichen Straßen und Wege (Tiroler Straßengesetz), LGBl 1989/13, zuletzt LGBl 2021/158.

81 Bundesgesetz über das Wohnungseigentum (Wohnungseigentumsgesetz 2002 – WEG 2002), BGBl I 2002/70 idF BGBl I 2002/114 (DFB), zuletzt BGBl I 2021/222.

82 *Cejka*, Öffentliche und private Ladeinfrastruktur für Elektrofahrzeuge heute – und morgen? RdU 2022, 108 (112); beachte idZ auch § 16 Abs 5 WEG (Zustimmungsfiktion); aber auch Abs 8 leg cit (Unterlassungspflicht zugunsten einer gemeinsamen Elektro-Ladeanlage).

83 Vgl nur §§ 3, 7 Bundesgesetz vom 6. Feber 1968 über elektrische Leitungsanlagen, die sich auf zwei oder mehrere Bundesländer erstrecken (Starkstromwegegesetz 1968), BGBl 1968/70, zuletzt BGBl I 2021/150.

84 RL 2018/844/EU des Europäischen Parlaments und des Rates vom 30. Mai 2018 zur Änderung der Richtlinie 2010/31/EU über die Gesamtenergieeffizienz von Gebäuden und der Richtlinie 2012/27/EU über Energieeffizienz, ABl L 2018/156, 75.

idR aber auch bei größer angelegten Renovierungen von Wohn- oder Nichtwohngebäuden, eine bestimmte Anzahl an Ladepunkten bzw zumindest entsprechende Vorrichtungen (zB Lehrverrohrung) mitumgesetzt werden müssen;[85] im Hinblick auf Wohngebäude des privaten Bereichs sind derweilen noch keine Nachrüstungsverpflichtungen in den BauG bzw BauO der Bundesländer vorgesehen.[86] Letzteres trifft in seiner Konsequenz offenkundig primär Personen mit weniger Einkommen bzw Vermögen, die weder über eine eigene Liegenschaft noch über Wohnungseigentum verfügen und damit keine Möglichkeit haben, sich eine eigene (private) E-Ladeinfrastruktur zu schaffen. Auch wenn es daher positiv zu bewerten ist, dass in Österreich der Anteil der E-Fahrzeuge an den Neuzulassungen von Juli 2017 bis Juli 2022 von 2,44 % auf 20,25 % und der Gesamtbestand an Zulassungen von 2.000 E-Fahrzeugen im Jahr 2013 auf 130.264 E-Fahrzeuge im Juli 2022[87] gestiegen ist, ist eine breite Masse der Menschen weiterhin auf öffentlich zugängliche Ladepunkte angewiesen. Deren Anzahl ist zwar in den letzten Jahren kontinuierlich auf 13.791 Ladepunkte (davon 11.730 Normalladepunkte und 2.061 Schnellladepunkte) gestiegen.[88]

Der Markt für öffentlich zugängliche Ladeinfrastruktur, auf den gerade Privatpersonen ohne (Wohnungs-)Eigentum angewiesen sind, ist aber nach wie vor nicht so wettbewerbsorientiert, wie es der Unionsgesetzgeber rechtlich vorschreibt. Obgleich in § 33 Abs 2 RL 2019/944/EU[89] vorgesehen, wurde etwa in Österreich bis heute nicht umgesetzt, dass Verteilernetzbetreibern, zB vertikal integrierten Elektrizitätsunternehmen auf Kommunalebene, grundsätzlich[90] keine Eigentümer von Ladepunkten für E-Fahrzeuge sein und diese grundsätzlich auch nicht entwickeln, verwalten oder betreiben dürfen. Fraglich ist, ob die Säumigkeit des österreichischen Umsetzungsgesetzgebers dazu führt, dass § 33 Abs 2 RL 2019/944/EU – wenn aufgrund seines verpflichtenden Charakters nicht unmittelbar, aber zumindest vermittelt über zivilrechtliche Generalklauseln – mittelbar als Grundlage gegen entsprechende Betriebe in Stellung gebracht werden kann.

Das Problem, dass für den Sondergebrauch im öffentlichen Raum Individualbewilligungen für die Errichtung von E-Ladeinfrastruktur anlassbezogen einzuholen sind, dh dass (noch) kein entsprechendes Konzessions-

85 Vgl die Übersicht bei *Cejka*, RdU 2022, 110ff.

86 Zuletzt *Cejka*, RdU 2022, 111.

87 Entspricht inzwischen bereits 2,53 % am Gesamtbestand.

88 S unter https://www.beoe.at/ladepunkte-in-oesterreich/ (abgerufen am 6.12.2022).

89 RL 2019/944/EU des Europäischen Parlaments und des Rates vom 5. Juni 2019 mit gemeinsamen Vorschriften für den Elektrizitätsbinnenmarkt und zur Änderung der RL 2012/27/EU, ABl L 2019/158, 125.

90 Eine Ausnahme gilt nach Art 33 RL 2019/944/EU nur, wenn die Verteilernetzbetreiber Eigentümer ausschließlich für den Eigengebrauch bestimmter privater Ladepunkte sind.

system[91] etabliert ist, führt zu der Frage, wie die entsprechende knappe Ressource des öffentlichen Raums in fairer und wettbewerbsorientierter Weise „verteilt" werden könnte. Das Vergabeverfahren nach dem BVergKonz 2018[92] kommt in sachlicher Hinsicht für entsprechende Fälle nur dann zur Anwendung, wenn die Erbringung und Durchführung von Dienstleistungen, die keine Bauleistungen gemäß § 5 leg cit sind, entgeltlich vereinbart wurden, dh zumindest auch ein vertragliches Verwertungsrecht des Konzessionärs begründet wurde.[93] Damit stellt sich in allen gewöhnlichen Fällen der Bewilligung eines Sondergebrauchs im öffentlichen Raum die Frage, wie ein – mangels Regulierung – freihändiges und auch im Zeitpunkt der Verteilungsentscheidung gleichheitskonformes Vorgehen staatlicher Entscheidungsträger das Ziel eines wettbewerbsorientierten Markts für E-Ladeinfrastruktur weiterhin verwirklicht werden kann.

IV. Vorschlag für eine Verordnung über den Aufbau der Infrastruktur für alternative Kraftstoffe

In einer breit angelegten Evaluierung der RL 2014/94/EU hat die Kommission festgestellt, dass die Ziele der genannten Richtlinie nicht erfüllt wurden.[94] Erstens ist noch keine (kohärente) *Angemessenheit des Ausbaus der E-Ladeinfrastruktur* in der Union gegeben.[95] Während Österreich im EU-Binnenvergleich des Ausbaus von öffentlich zugänglicher E-Ladeinfrastruktur relativ gut abschneidet,[96] ist in der Union diesbezüglich insgesamt noch immer ein starkes Ost-West-Gefälle ausgeprägt. Rumänien, das sechs Mal so groß wie die Niederlande ist, verfügt über nur 0,4 % aller Ladepunkte in der Union und die Niederlande, die auf dem ersten Platz liegen, über fast 1.600-mal mehr Ladepunkte als das letztplatzierte Zypern.[97] Zweitens ist – auch in Ermangelung ausreichend konkreter Verpflichtungen in der RL 2014/94/EU – der Aufbau eines *wettbewerbsorientierten* Marktes für

---

91 Vgl §§ 2 ff Bundesgesetz über die nichtlinienmäßige gewerbsmäßige Beförderung von Personen mit Kraftfahrzeugen (Gelegenheitsverkehrs-Gesetz 1996 – GelverkG), BGBl 1996/112 (WV), zuletzt BGBl I 2022/18.

92 Bundesgesetz über die Vergabe von Konzessionsverträgen (Bundesvergabegesetz Konzessionen 2018 – BVergGKonz 2018), BGBl I 2018/65, zuletzt BGBl I 2018/100.

93 § 6 Abs 1 BVergGKonz 2018.

94 ErwGr 1 ff zum VO-E.

95 Dazu und zum folgenden ErwGr 9 ff zum VO-E.

96 Siehe unter https://www.wienerzeitung.at/nachrichten/wirtschaft/international/2109024-Oesterreich-bei-E-Ladestationen-deutlich-ueber-EU-Schnitt.html (abgerufen am 6.12.2022).

97 Siehe unter https://www.kfz-betrieb.vogel.de/wo-es-in-der-eu-die-meisten-ladepunkte-fuer-e-autos-gibt-a-f39e4d6d7b2e7c0bcd26edb2ee5c8be2/ (abgerufen am 6.12.2022).

E-Ladeinfrastruktur in der Union noch nicht dort, wo man diesen eigentlich haben möchte.[98]

Die Kommission hat daher am 14. Juli 2021 den Vorschlag für eine Verordnung des Europäischen Parlaments und des Rates über den Aufbau der Infrastruktur für alternative Kraftstoffe und zur Aufhebung der RL 2014/94/EU vorgelegt (im Folgenden kurz VO-E).[99] Kernelemente des Verordnungsentwurfs sind gerade auch iZm E-Ladeinfrastruktur verbindliche, auf der Größe der Fahrzeugflotte beruhende Ziele für Ladepunkte für leichte Nutzfahrzeuge, abstandsbezogene Zielvorgaben für alle Straßenfahrzeuginfrastrukturen für das TEN-V-Netz sowie eine stärkere Harmonisierung der Zahlungsoptionen, der physischen Standards und der Kommunikationsstandards sowie der Verbraucherrechte. Inzwischen liegt eine informelle politische Einigung zwischen Rat und EU-Parlament vor, der entsprechende Text wurde aber noch nicht veröffentlicht. Im Folgenden wird daher (noch) vom Text des Kommissionsentwurfs ausgegangen, der – soweit im Folgenden maßgeblich – dem aktuellen Stand prinzipiell entspricht.

Indes bekommen auch die Bestimmungen zum nationalen Strategierahmen als Ausgangspunkt zukünftiger Planungen des Ausbaus von E-Ladeinfrastruktur in der Union einen Feinschliff. In Art 13 VO-E wird festgelegt, dass jeder Mitgliedstaat bis zum 1. Jänner 2024 einen Entwurf des nationalen Strategierahmens vorzulegen hat, der viel detaillierter und aufgeschlüsselter, als dies bislang in der RL 2014/94/EU vorgesehen war, die Maßnahmen zur Förderung des Aufbaus von E-Ladeinfrastruktur festlegen soll.[100]

A. Stromladeinfrastruktur für leichte Nutzfahrzeuge

Betreffend den weiteren Ausbau der E-Mobilität sollen mit der vorgeschlagenen Verordnung Verpflichtungen zur Errichtung von öffentlich zugänglicher Ladeinfrastruktur entsprechend der Verbreitung leichter Elektro-Nutzfahrzeuge und mit ausreichender Ladeleistung eingeführt werden (Art 3). Vorgeschlagen wird, dass am Ende jedes Jahres (nach Inkrafttreten der VO) über öffentlich zugängliche Ladestationen für jedes zugelassene batteriebetriebene leichte Elektro-Nutzfahrzeug eine Gesamtladeleistung von mindestens 1 kW sowie für jedes zugelassene leichte Plug-in-Hybrid-Nutzfahrzeug eine Gesamtladeleistung von mindestens 0,66 kW verfügbar ist.[101]

98 ErwGr 23 ff zum VO-E.

99 Vorschlag für eine Verordnung des Europäischen Parlaments und des Rates über den Aufbau der Infrastruktur für alternative Kraftstoffe und zur Aufhebung der Richtlinie 2014/94/EU des Europäischen Parlaments und des Rates, COM(2021) 559 final.

100 Vgl Art 13 Abs 1 VO-E.

101 Art 3 Abs 1 lit b VO-E.

Flankierend soll eine terminlich fixierte Verpflichtung zum Aufbau eines öffentlich zugänglichen Ladepunktenetzes entlang des Straßennetzes für leichte Elektro-Nutzfahrzeuge in jede Fahrtrichtung und mit maximal 60 km Abstand, und zwar auch über die EU-Binnengrenzen hinweg, mit folgenden Ladeleistungen eingeführt werden:

Im TEN-V-Kernnetz soll bis zum 31.12.2025 jeder entsprechende Ladestandort über eine Ladeleistung von mindestens 300 kW sowie dieser über mindestens eine individuelle Ladestation über eine Ladeleistung von mindestens 150 kW verfügen. Bis zum 31.12.2030 soll sich die Ladeleistung jedes Ladestandorts auf mindestens 600 kW sowie diejenige zweier individueller Ladestationen auf mindestens 150 kW erhöhen.[102]

Im TEN-V-Gesamtnetz soll bis zum 31.12.2030 jeder Ladestandort über eine Ladeleistung von mindestens 300 kW sowie dieser über mindestens eine individuelle Ladestation mit einer Ladeleistung von mindestens 150 kW verfügen. Bis zum 31.12.2035 sollen die Ladeleistung jedes Ladestandorts im TEN-V-Gesamtnetz bereits mindestens 600 kW betragen, wobei mindestens zwei individuelle Ladestationen über eine Ladeleistung von mindestens 150 kW verfügen sollen.[103]

B. Stromladeinfrastruktur für schwere Nutzfahrzeuge

Eingeführt werden sollen außerdem terminlich fixierte Verpflichtungen zur Errichtung von öffentlich zugänglichen Ladestationen für schwere Nutzfahrzeuge in jede Fahrtrichtung und mit maximal 60 km Abstand, und zwar auch über die EU-Binnengrenzen hinweg, mit folgenden Ladeleistungen:

Im TEN-V-Kernnetz soll nach dem Vorschlag der Kommission bis zum 31.12.2025 jeder Ladestandort über eine Ladeleistung von mindestens 1.400 kW sowie dieser über mindestens eine individuelle Ladestation mit einer Ladeleistung von mindestens 350 kW verfügen. Bis zum 31.12.2030 soll sich die Ladeleistung jedes Ladestandorts auf mindestens 3.500 kW erhöhen, wobei mindestens zwei individuelle Ladestationen über eine Ladeleistung von mindestens 350 kW verfügen sollen.[104]

Im TEN-V-Gesamtnetz soll (mit einem Abstand von 100 km) bis zum 31.12.2030 jeder Ladestandort über eine Ladeleistung von mindestens 1.400 kW sowie dieser über mindestens eine individuelle Ladestation mit einer Ladeleistung von mindestens 350 kW verfügen. Bis zum 31.12.2035 soll sich die Ladeleistung jedes Ladestandorts auf mindestens 3.500 kW er-

102 Art 3 Abs 2 lit a VO-E.
103 Art 3 Abs 2 lit b VO-E.
104 Art 4 Abs 1 lit a VO-E.

höhen, wobei mindestens zwei individuelle Ladestationen eine Ladeleistung von mindestens 350 kW aufweisen sollen.[105]

Zusätzlich soll die Verpflichtung eingeführt werden, dass an jedem städtischen Knoten bis zum 31.12.2025 ein Ladestandort mit einer Ladeleistung von mindestens 600 kW entstehen soll, an dem alle Ladestationen über eine Ladeleistung von mindestens 150 kW verfügen.[106] Bis zum 31.12.2030 soll sich die Ladeleistung jedes Ladestandorts auf mindestens 1.200 kW erhöhen, wobei alle Ladestationen eine individuelle Ladeleistung von mindestens 150 kW aufweisen sollen.[107]

Weiters ist im Vorschlag auch eine Verpflichtung vorgesehen, dass an jedem sicheren Parkplatz bereits bis zum 31.12.2030 mindestens eine Ladestation mit einer Ladeleistung von mindestens 100 kW installiert werden soll.[108]

C. Verpflichtungen zur Sicherung eines wettbewerbsorientierten Markts für E-Ladeinfrastruktur

Auch in der vorgeschlagenen Verordnung über den Aufbau der Infrastruktur für alternative Kraftstoffe soll eine Bestimmung enthalten sein, welche die Betreiber von öffentlich zugänglichen Ladestationen dazu berechtigt, von jedem Elektrizitätsversorgungsunternehmen in der Union – vorbehaltlich der Zustimmung des entsprechenden Versorgungsunternehmens – ungehindert Strom zu beziehen.[109]

Umgekehrt sollen die Betreiber weiterhin dazu verpflichtet sein, Endnutzern das punktuelle Aufladen und die Bezahlung unter Verwendung eines in der Union weit verbreiteten Zahlungsmittels zu ermöglichen. In der vorgeschlagenen Verordnung ist vorgesehen, dass an jeder neu errichteten Ladestation mit einer Ladeleistung von weniger als 50 kW elektronische Zahlungen möglich sein müssen, die entweder über einen Zahlungskartenleser oder ein Gerät mit einer Kontaktlosfunktion oder ein Gerät, das eine Internetverbindung nutzt, verwendet werden kann. An einer Ladestation mit einer Ladeleistung von 50 kW oder mehr müssen elektronische Zahlungen zumindest entweder über einen Zahlungskartenleser oder ein Gerät mit Kontaktlosfunktion abgewickelt werden können. Ab dem 1.1.2027 sollen die Anforderungen für die Neuerrichtung von Ladestationen mit Ladeleistung von mindestens 50 kW auch für Altbestand gelten.[110]

105 Art 4 Abs 1 lit b VO-E.
106 Art 4 Abs 1 lit d VO-E.
107 Art 4 Abs 1 lit e VO-E.
108 Art 4 Abs 1 lit c VO-E.
109 Art 5 Abs 1 VO-E.
110 Art 5 Abs 2 VO-E.

Zugunsten des Endnutzers sieht der Verordnungsvorschlag neuerdings das Recht auf Opt-out für das Angebot automatischer Authentifizierung und ein Recht auf die Möglichkeit zur Änderung der Zahlungsmethode bei wiederholten Ladevorgängen vor.[111] Allgemein soll die Vorgabe aufrechterhalten bleiben, dass die Preisbildung angemessen, einfach und eindeutig vergleichbar, transparent und nichtdiskriminierend sein soll.[112] Neu ist die rechtliche Verpflichtung, dass eine Preisdiskriminierung weder zwischen Endnutzern und Mobilitätsdienstleistern noch zwischen Mobilitätsdienstleistern untereinander erfolgen darf. Auch die von Mobilitätsdienstleistern gegenüber den Endnutzern berechneten Preisen müssen angemessen, transparent und nichtdiskriminierend sein.[113] Allfällige Preisdifferenzierungen müssen verhältnismäßig und objektiv gerechtfertigt sein.[114] Vorgegeben wird auch, in welche Einzelbestandteile der Preis jedenfalls aufgesplittet werden muss: Die Betreiber von Ladepunkten müssen den Ad-hoc-Preis und all seine Bestandteile an allen von ihnen betriebenen öffentlich zugänglichen Ladestationen deutlich sichtbar anzeigen, sodass diese den Endnutzern vor Beginn eines Ladevorgangs bekannt sind. Mindestens die folgenden Preisbestandteile, soweit für die jeweilige Ladestation zutreffend, müssen deutlich sichtbar angezeigt werden: der Preis pro Ladevorgang, der Preis pro Minute sowie der Preis pro kWh.[115]

Die Mobilitätsdienstleister müssen Endnutzern vor Beginn des Ladevorgangs alle geltenden Preisinformationen, die für den jeweiligen Ladevorgang spezifisch sind, durch frei zugängliche, weitverbreitete elektronische Mittel zur Verfügung stellen. Es muss klar unterschieden werden können, welche Preisbestandteile vom Betreiber des Ladepunkts verrechnet werden, welche Kosten für ein allfälliges e-Roaming anfallen und welche Gebühren oder Entgelte von Mobilitätsdienstleistern selbst erhoben werden. Für grenzüberschreitendes e-Roaming dürfen keine zusätzlichen Entgelte verrechnet werden.[116]

Schließlich wird auch die Einführung der Verpflichtungen vorgeschlagen, dass – erstens – alle E-Ladepunkte eines Betreibers digital vernetzt werden müssen,[117] alle öffentlich zugänglichen Gleichstrom-Ladepunkte über ein fest integriertes Ladekabel[118] und jeder Park- und Rastplatz mit E-Lade-

111 Art 5 Abs 3 VO-E.
112 Art 5 Abs 4 VO-E.
113 Art 5 Abs 6 VO-E.
114 Art 5 Abs 6 letzter Satz VO-E.
115 Art 5 Abs 5 VO-E.
116 Art 5 Abs 6 VO-E.
117 Art 5 Abs 7 VO-E.
118 Art 5 Abs 10 VO-E.

infrastruktur entlang des TEN-V-Straßennetzes über eine angemessene Beschilderung verfügen[119].

Art 19 VO-E sieht die Festlegung technischer Spezifikationen von E-Ladeinfrastruktur durch den Anhang II sowie delegierte Rechtsakte der Kommission vor, die die Vorgaben im Verordnungsrang ergänzen sollen.

V. Fazit

Wie die österreichische Bundeswettbewerbsbehörde (BWB) zu Recht konstatiert hat, stellt der geltende unionsrechtliche und nationale Rechtsrahmen einen funktionierenden Wettbewerb am Markt für E-Ladeinfrastruktur noch nicht ausreichend sicher: Die zentralen Verbesserungsvorschläge, die die BWB in ihrem Bericht macht,[120] wie zB Nachbesserungen im Bereich Preisdifferenz, Ausbau der Schnellllademöglichkeiten oder ein verbessertes Tarif- und Preismonitoring, sind auch im Vorschlag für eine (neue) Verordnung über den Aufbau der Infrastruktur für alternative Kraftstoffe (und zur Aufhebung der RL 2014/94/EU) enthalten. Die Sicherstellung eines funktionierenden Wettbewerbs am genannten Markt erfordert aber in der Tat darüber hinausgehende Maßnahmen.[121] Sie setzt voraus, dass die Mitgliedstaaten der EU durch entsprechende Anpassungen im nationalen Recht den Wettbewerb der Marktakteure besser schützen, und dh vor allem anderen nicht weiter tatenlos dabei zusehen, wie bisweilen einige wenige Unternehmen ihre Dominanz am E-Ladesäulenmarkt auf Kosten des Wettbewerbs und damit auf Kosten anderer weiter ausbauen können. Ein zentraler Baustein für mehr (neue) Konkurrenz am Markt wird sein, das unionsrechtlich bereits vorgegebene Unbundling im Bereich des Betriebs von E-Ladestationen endlich rechtlich umzusetzen und die Verfahren zur Bewilligung von Sondergebrauch für E-Ladepunkte im öffentlichen Raum transparenter zu machen, bestenfalls sogar einer eingehenden Regulierung zu unterwerfen. Denn ein funktionierender Wettbewerb am Markt für öffentlich zugängliche E-Ladeinfrastruktur ist nicht zuletzt auch dafür notwendig, sonst kaum aufzulösende strukturelle Ungerechtigkeiten im Zugang zur E-Ladesäuleninfrastruktur im privaten Bereich zu kompensieren.

119 Art 5 Abs 9 VO-E.
120 Dazu und zum Folgenden vgl Bericht der BWB (FN 5) 7ff.
121 Vgl nochmals FN 120.

Wasserstoffgestützte Mobilität

Stefan Storr

Literaturverzeichnis

Cudlik, Ist das österreichische Anlagenrecht reif für Power-to-X-Anlagen? RdU-UT 2020, 59; *Storr*, Energierecht (2022); *ders*, Rechtsfragen zur Einführung einer Wasserstoffwirtschaft in Österreich, NR 2022, 39; *Tichler/Veseli*, Notwendigkeit der Regulierung von Wasserstoff und Power-to-X und Verankerung im europäischen Recht, ZTR 2020, 73.

Inhaltsübersicht

https://doi.org/10.33196/9783704691958-106

I. Der Energieträger Wasserstoff

Wasserstoff (H_2) ist ein Gas, das sich hervorragend als Energieträger eignet. Bei einer Verbrennung entstehen unter Verbindung mit Sauerstoff (O_2) Energie (Arbeit und Wärme) und Wasser.

Ein Wasserstoffverbrennungsmotor hat einen Wirkungsgrad von ca 40 % und liegt damit zwischen dem Ottomotor (ca 30 %) und dem Dieselmotor (ca 45 %). Mit geringen Anpassungen kann Wasserstoff auch als Kraftstoff für Fahrzeuge mit Verbrennungsmotor verwendet werden.[1] Doch sind hierfür noch Forschungen erforderlich.

Eine andere Möglichkeit, Antriebsenergie aus Wasserstoff zu gewinnen, bietet die Brennstoffzelle, die eine Protonenaustauschmembran nutzt. In dieser Brennstoffzelle reagiert Wasserstoff mit Sauerstoff aus der Luft. Im Wege der sog kalten Verbrennung entstehen Wasser, Strom und Wärme. Der Wirkungsgrad gilt mit 60 % als hoch.

Der klimaschützende Effekt dieser beiden Formen der Nutzung von Wasserstoff ist enorm, weil bei den Verbrennungs- bzw Umwandlungsprozessen kein Treibhausgas ausgestoßen wird, sondern nur Wasser als Abfallprodukt. Freilich bestehen auch Gefahren, wenn Wasserstoff entweicht.

Wasserstoff kommt in der Natur nicht so vor, dass er unmittelbar genutzt werden könnte. Vielmehr muss er erst hergestellt werden. Deshalb ist der Vorteil der genannten Antriebsarten nur dann gegeben, wenn der dafür erforderliche Wasserstoff „sauber" hergestellt wird. Doch ist die Herstellung von Wasserstoff auch heute noch überwiegend nicht „sauber", sondern erfolgt vor allem im Wege der Dampfreformierung aus Erdgas. Bei der Herstellung von zehn Tonnen dieses „grauen Wasserstoffs" sollen zehn Tonnen Kohlendioxid anfallen.

Klimaschonend ist „grüner Wasserstoff" oder sog erneuerbarer Wasserstoff. Das ist Wasserstoff, der ausschließlich aus Energie aus erneuerbaren Energieträgern erzeugt wird, zB durch Elektrolyse mit Windstrom oder Sonnenstrom.[2]

---

1 So Stellungnahme des Europäischen Wirtschafts- und Sozialausschusses zum „Vorschlag für eine Verordnung des Europäischen Parlaments und des Rates über den Aufbau der Infrastruktur für alternative Kraftstoffe und zur Aufhebung der Richtlinie 2014/94/EU des Europäischen Parlaments und des Rates" (COM[2021] 559 final – 2021/0223 [COD]) und zur „Mitteilung der Kommission an das Europäische Parlament, den Rat, den Europäischen Wirtschafts- und Sozialausschuss und den Ausschuss der Regionen – Ein strategischer Fahrplan für ergänzende Maßnahmen zur Unterstützung des raschen Aufbaus der Infrastruktur für alternative Kraftstoffe" (COM[2021] 560 final), ABl C 2022/152, 138 (144 – Punkt 4.14).

2 Zur Konkretisierung vgl Commission, delegated regulation (draft) supplementing Directive (EU) 2018/2001 of the European Parliament and of the Council by establishing

Es gibt darüber hinaus noch „braunen Wasserstoff“, der unter Verwendung von Braunkohle erzeugt wird, und „schwarzen Wasserstoff“, der unter Verwendung von Steinkohle hergestellt wird. „Blauer Wasserstoff“ ist „grauer Wasserstoff“, jedoch wird das Kohlendioxid abgeschieden und zB in der Erde eingelagert (carbon capture and storage). „Türkiser Wasserstoff“ ist Wasserstoff, der durch thermische Aufspaltung von Methan gewonnen wird (Pyrolyse), wobei fester Kohlenstoff anfällt. Die Herstellung von Wasserstoff aus Methan ist noch in einem frühen technologischen Stadium.[3] „Pinker Wasserstoff“ (oder roter Wasserstoff) ist Wasserstoff, der unter Verwendung von Strom aus Nuklearenergie gewonnen wird.[4]

Es liegt auf der Hand, dass sich der Aufbau einer Wasserstoffindustrie auf „grünen Wasserstoff“ konzentrieren muss. Die Herstellung von „grauem“, „braunem“ und „schwarzem Wasserstoff“ gilt allenfalls als Brückentechnologie.

II. Strategien für den Aufbau der Wasserstoffindustrie

A. Auf EU-Ebene

Die Kompetenz der EU zur Förderung der Nutzung von Wasserstoff im Verkehrssektor ergibt sich insbesondere aus Art 90 und Art 91 AEUV (Verkehrspolitik) sowie Art 170 und Art 171 AEUV (transeuropäische Netze).

Im Jahr 2020 hat die Europäische Kommission eine Wasserstoffstrategie vorgestellt. Die Vision ist beeindruckend: Danach könnten bis 2050 24 % der weltweiten Energienachfrage mit sauberem Wasserstoff gedeckt werden, was einem Jahresumsatz von etwa EUR 630 Mrd entsprechen würde.[5] Noch liegt die europäische Erzeugungskapazität von Wasserstoff durch Elektrolyseure bei unter 1 Gigawatt (GW) pro Jahr.[6] Die Kommission schätzt den Investitionsbedarf, um Anlagen zu errichten, die erneuerbaren Wasserstoff herstellen oder nutzen, auf EUR 180 bis 470 Mrd und für Anlagen von CO_2-armen Wasserstoff aus fossilen Brennstoffen auf EUR 3 bis 18 Mrd.

Die Einführung einer Wasserstoffwirtschaft steht noch am Anfang. Derzeit gibt es kaum Nachfrage nach Wasserstoff, kaum Angebote und auch der Preis ist noch nicht wettbewerbsfähig. Im Jahr 2020 betrugen die Kosten für

a Union methodology setting out detailed rules for the production of renewable liquid and gaseous transport fuels of non-biological origin.

3 Bundesministerium für Klimaschutz, Umwelt, Energie, Mobilität, Innovation und Technologie (Hrsg), Wasserstoffstrategie für Österreich (2022) 13.

4 *Storr*, Energierecht (2022) 309.

5 Mitteilung der Kommission, Eine Wasserstoffstrategie für ein klimaneutrales Europa, COM(2020) 301 final, 1.

6 Mitteilung der Kommission, COM(2020) 301 final, 15.

fossilen Wasserstoff ca 1,5 EUR/kg, für Wasserstoff mit CO_2-Abscheidung und -Speicherung ca 2 EUR/kg und für erneuerbaren Wasserstoff 2,5 bis 5,5 EUR/kg.[7]

Die Kommission hat drei Phasen skizziert: In der ersten Phase von 2020 bis 2024 sollen Elektrolyseure mit einer Elektrolyseleistung von mindestens 6 GW installiert werden, um bis zu 1 Mio Tonnen erneuerbaren Wasserstoff zu erzeugen. Damit soll der Einsatz von Wasserstoff für neue Endverwendungen, wie zB den Schwerlastverkehr, erleichtert werden.

In der zweiten Phase von 2025 bis 2030 soll Wasserstoff zu einem wesentlichen Bestandteil eines „integrierten Energiesystems" werden. Für die Erzeugung von erneuerbarem Wasserstoff sollen Elektrolyseure mit einer Elektrolyseleistung von mindestens 40 GW installiert werden und bis zu 10 Mio Tonnen erneuerbaren Wasserstoff erzeugen.

In der dritten Phase von 2030 bis 2050 sollen die Technologien für erneuerbaren Wasserstoff ausgereift sein und in großem Maßstab eingesetzt werden. Es sollen alle Sektoren erreicht werden, auch die, in denen eine Dekarbonisierung schwierig ist (zB Schiffsverkehr).[8]

Bereits im „Fit für 55"-Paket (2021)[9] waren weitere 5,6 Mio Tonnen Wasserstoff vorgesehen.[10] Mit dem RepowerEU-Plan (2022)[11] sind die Ziele noch ambitionierter gesetzt worden: bis 2030 könnten jährlich 25 bis 50 Mrd m^3 an importiertem russischem Gas durch weitere 15 Mio Tonnen erneuerbaren Wasserstoff ersetzt werden. Die Kommission schlägt vor, 10 Mio Tonnen zu importieren (va aus Afrika) und 5 Mio Tonnen in Europa zu produzieren. Allerdings bezieht sich die Aussage nicht ausdrücklich auf erneuerbaren Wasserstoff, sodass in erheblichem Maße wohl an grauen Wasserstoff gedacht ist. In Europa soll der Ausbau von Wind- und Solarenergie um weitere 80 GW (bis 2030) erhöht werden, um mehr erneuerbaren Wasserstoff erzeugen zu können.

B. Österreich

In Österreich ist vor allem der Bund aus Art 10 Abs 1 Z 9 B-VG (Verkehrswesen bezüglich der Eisenbahnen und der Luftfahrt sowie der Schifffahrt und Kraftfahrwesen), für die Schifffahrt ggf auch aus Art 11 Abs 1 Z 6 B-VG, zuständig.

7 Mitteilung der Kommission, COM(2020) 301 final, 5.

8 Mitteilung der Kommission, COM(2020) 301 final, 7f.

9 Mitteilung der Kommission, „Fit für 55": auf dem Weg zur Klimaneutralität – Umsetzung des EU-Klimaziels für 2030, COM(2021) 550 final.

10 Mitteilung der Kommission, REPowerEU: gemeinsames europäisches Vorgehen für erschwinglichere, sichere und nachhaltige Energie, COM(2022) 108 final, 7.

11 Mitteilung der Kommission, REPowerEU: gemeinsames europäisches Vorgehen für erschwinglichere, sichere und nachhaltige Energie, COM(2022) 108 final.

Das Bundesministerium für Klimaschutz, Umwelt, Energie, Mobilität, Innovation und Technologie hat 2022 die Wasserstoffstrategie für Österreich herausgegeben und darin Wasserstoff als „Schlüssel zur Klimaneutralität“ vorgestellt.[12] Das Bundesministerium will Wasserstoff va dort einsetzen, wo ein hoher Bedarf an thermischer Energie besteht und wo die Möglichkeiten der Elektrifizierung begrenzt sind. Denn mit jeder Energieumwandlung gehen Verluste einher und damit eine Reduzierung des Wirkungsgrades der eingesetzten Energie.[13]

Im Bereich der Mobilität sollen die Bereiche Flugverkehr und Schiffsverkehr Priorität haben, ebenso Fernverkehr-Lkw und Reisebusse, nicht aber Pkw und Verteiler-Lkw.[14] Im Schienenbereich werden erste Vorzeigeprojekte in Forschungsprojekten auf ihre Machbarkeit geprüft.[15] Im Luftverkehr steht eine gewerbliche Nutzung von Wasserstoff als Kraftstoff noch nicht an; eine Nutzung wird noch lange auf sich warten lassen.[16] Aus diesem Grund hat die Kommission die Verwendung von Wasserstoff in ihrem Vorschlag für die ReFuel-Aviation-VO noch gar nicht vorgesehen.[17] Auch für die Refuel-Maritime-VO liegt bisher nur ein Vorschlag der Kommission vor. Auch dieser zielt nicht konkret auf die Verwendung von Wasserstoff ab, sondern auf die Begrenzung der Treibhausgasintensität von Energie, die an Bord eines Schiffs verbraucht wird. Zudem liegt der Fokus auf der Verpflichtung, in Häfen im Hoheitsgebiet eines Mitgliedstaats die landseitige Stromversorgung zu nutzen oder emissionsfreie Technologien einzusetzen.[18]

III. Die Errichtung von Elektrolyseanlagen

Das geltende Recht ist auf einen verstärkten Einsatz von Wasserstofftechnologie noch nicht ausgerichtet. Wasserstoff ist eine „Zukunftstechnologie“. Dieser Aspekt betrifft die Anforderungen, die mit dem gewerblichen

12 Bundesministerium für Klimaschutz, Umwelt, Energie, Mobilität, Innovation und Technologie (Hrsg), Wasserstoffstrategie für Österreich (2022) 5.

13 *Tichler/Veseli*, Notwendigkeit der Regulierung von Wasserstoff und Power-to-X und Verankerung im europäischen Recht, ZTR 2020, 73 (75).

14 Bundesministerium für Klimaschutz, Umwelt, Energie, Mobilität, Innovation und Technologie (Hrsg), Wasserstoffstrategie für Österreich (2022) 14.

15 Bundesministerium für Klimaschutz, Umwelt, Energie, Mobilität, Innovation und Technologie (Hrsg), Wasserstoffstrategie für Österreich (2022) 29.

16 Bundesministerium für Klimaschutz, Umwelt, Energie, Mobilität, Innovation und Technologie (Hrsg), Wasserstoffstrategie für Österreich (2022) 38.

17 Vorschlag für eine Verordnung des Europäischen Parlaments und des Rates zur Gewährleistung gleicher Wettbewerbsbedingungen für einen nachhaltigen Luftverkehr, COM(2021) 561 final, 2.

18 Art 1 Vorschlag für eine Verordnung des Europäischen Parlaments und des Rates über die Nutzung erneuerbarer und kohlenstoffarmer Kraftstoffe im Seeverkehr und zur Änderung der Richtlinie 2009/16/EG, 14.7.2021, COM(2021) 562 final.

Betriebsanlagenrecht an Elektrolyseure gestellt werden (in diesem Abschnitt III.) und gilt für Wasserstofftankstellen (im folgenden Abschnitt IV.), für den Transport von Wasserstoff (V.) und für Wasserstofffahrzeuge (VI.).

A. Gewerbliches Betriebsanlagenrecht, UVP-Recht

Soweit grüner Wasserstoff durch Elektrolyse hergestellt wird, gelten für die Produktionsanlagen der Elektrolyseure jedenfalls die Vorschriften über die gewerblichen Betriebsanlagen. Schon wegen der Gefährlichkeit von Wasserstoff sind Elektrolyseure gewerbliche Betriebsanlagen im Sinne des § 74 GewO. Deshalb besteht für diese Anlagen eine betriebsanlagenrechtliche Genehmigungspflicht.[19]

Nach geltender Rechtslage kann es sich bei einer Anlage zur Herstellung von Wasserstoff um eine IPPC-Anlage iSd GewO handeln, weil Wasserstoff im chemischen Verfahren[20] der Umwandlung durch eine Redoxreaktion in einer verfahrenstechnischen Anlage hergestellt wird.[21] Der Begriff der „verfahrenstechnischen Anlage" wird in der GewO nicht definiert, ausgeschlossen sein sollen jedenfalls die Forschung, Entwicklung und die Erprobung von neuen Produkten und Verfahren.[22] Allerdings liegt eine restriktive Interpretation der IPPC-Vorschriften der GewO nahe. Denn bei den IPPC-Vorschriften der GewO handelt es sich um Umsetzungen der geltenden Industrieemissions-Richtlinie, die die integrierte Vermeidung und Verminderung der Umweltverschmutzung infolge industrieller Tätigkeiten regelt.[23]

Aber erstens werden durch Elektrolyse, durch die aus Wasser unter Einsatz von (erneuerbarer) Energie Wasserstoff und Sauerstoff gewonnen wird, grundsätzlich keine Emissionen erzeugt. Deshalb hat – zweitens – Elektrolyse auch keine Auswirkungen auf die Umweltverschmutzung – Wasserstoff und Sauerstoff treten nicht aus (vorbehaltlich freilich geringfügigen Verflüchtigungen).[24] Drittens stellt die GewO nicht ausdrücklich nur auf die industrielle Herstellung von Wasserstoff ab. Vernünftig ist der Vorschlag von *Cudlik*, den Begriff der verfahrenstechnischen Anlage der GewO[25] ent-

19 Dazu und im Folgendem *Storr*, Rechtsfragen zur Einführung einer Wasserstoffwirtschaft in Österreich, NR 2022, 39 ff.

20 Vgl Richtlinie 2010/75/EU des Europäischen Parlaments und des Rates vom 24. November 2010 über Industrieemissionen (integrierte Vermeidung und Verminderung der Umweltverschmutzung), ABl L 2010/334, 17 (52 – Anhang I Z 4.2).

21 Anlage 3 Z 4.2a GewO.

22 Anlage 3 Z 1 GewO.

23 Anhang I Z 4 RL 2010/75/EU.

24 Das kann sich anders darstellen, wenn der Wasserstoff aus Biomasse erzeugt wird oder der erzeugte Wasserstoff mit der Anlage vor Ort einer weiteren Nutzung zugeführt wird.

25 *Cudlik*, Ist das österreichische Anlagenrecht reif für Power-to-X-Anlagen? RdU-UT 2020, 59 (61 f).

sprechend enger zu interpretieren und – jedenfalls *de lege ferenda* – für den industriellen Maßstab auf die Schwellenwerte des UVP-G abzustellen.

Eine UVP-Pflicht besteht für Anlagen zur Herstellung von anorganischen Grundchemikalien durch chemische Umwandlung, insbesondere Wasserstoff, wobei die Entscheidung über die Genehmigung von Anlagen mit einer Produktionskapazität von mehr als 150.000 t/a im vereinfachten Verfahren (Spalte 2) und von Anlagen in schutzwürdigen Gebieten (der Kategorien C oder D) mit einer Produktionskapazität von mehr als 75.000 t/a im Wege der Einzelfallprüfung zu erfolgen hat (Spalte 3).[26]

Die Vorschriften der §§ 84aff GewO zur Beherrschung der Gefahren schwerer Unfälle mit gefährlichen Stoffen können zur Anwendung kommen, wobei die Herstellung von Wasserstoff ab 5 Tonnen zur unteren Klasse und ab 50 Tonnen zur oberen Klasse zählt.[27] In diesen Fällen muss der Betreiber bestimmte Anzeige- und Sicherungspflichten erfüllen. Zum Vergleich: Wenn das Tankvolumen eines mit Wasserstoff zu betreibenden Lastkraftwagen 100 kg umfasst (dzt eher Obergrenze), dann werden die Seveso-Regeln bereits bei Anlagen ausgelöst, die Wasserstoff für mehr 50 Betankungsvorgänge produzieren.

Besondere Anforderungen bestehen auf europäischer Ebene: Die Mitgliedstaaten müssen die Kraftstoffanbieter verpflichten, dafür zu sorgen, dass der Anteil erneuerbarer Energie am Endenergieverbrauch des Verkehrssektors bis 2030 mindestens 14 % beträgt. Damit die erneuerbare Energie bei Umwandlungsprozessen nicht zweimal gezählt wird und weil die zusätzliche Nachfrage nach Elektrizität im Verkehrssektor durch zusätzliche Kapazitäten zur Erzeugung erneuerbarer Energie bereitgestellt werden soll, gilt für die Berechnung Folgendes: Einbezogen wird nur Elektrizität, die aus einer direkten Verbindung mit einer erneuerbaren Elektrizität erzeugenden Anlage stammt und nicht vor dem Elektrolyseur den Betrieb aufgenommen hat. Außerdem darf die Anlage nicht an das Netz angeschlossen sein oder – wenn sie an das Netz angeschlossen ist –, darf die für die Produktion bereitgestellte Elektrizität nachweislich nicht aus dem Netz entnommen werden. Aber auch aus dem Netz entnommene Elektrizität kann in vollem Umfang als erneuerbare Elektrizität angerechnet werden, wenn gewährleistet ist, dass ihre Eigenschaft als erneuerbare Energie nur einmal und nur in einem Endverbrauchssektor geltend gemacht wird.[28]

---

26 Anhang 1 Z 49 Bundesgesetz über die Prüfung der Umweltverträglichkeit (Umweltverträglichkeitsprüfungsgesetz 2000 – UVP-G 2000), BGBl 1993/697.

27 Anlage 5, Teil 2, Spalte 2 bzw Spalte 3 Gewerbeordnung 1994 – GewO 1994, BGBl 1994/194.

28 Art 27 Abs 3 Richtlinie 2018/2001/EU des Europäischen Parlaments und des Rates vom 11. Dezember 2018 zur Förderung der Nutzung von Energie aus erneuerbaren Quellen, ABl L 2018/328, 82; ferner: Entwurf der Kommission für eine Delegierte

B. Gaswirtschaftsrecht in Österreich und in der EU

Auf die Herstellung und den Transport von Wasserstoff findet das Gaswirtschaftsgesetz Anwendung. Zwar nimmt § 3 Gaswirtschaftsgesetz (GWG),[29] der den Anwendungsbereich des GWG regelt, nur auf Erdgas[30] und nicht auf Wasserstoff Bezug, jedoch stellt § 7 Abs 4 leg cit, der mit dem EAG-Paket eingeführt wurde,[31] in Anlehnung an Art 1 Abs 3 RL 2009/73/EG,[32] klar, dass die Begriffe Erdgas, Gas oder biogene Gase erneuerbare Gase einschließen, zu denen auch erneuerbarer Wasserstoff gehört,[33] sowie sonstige Gase und Gasgemische, die den geltenden Regeln der Technik für Gasqualität entsprechen (also auch sonstiger Wasserstoff). Zu den vorrangigen Zielen des GWG gehört es, den Anteil an erneuerbaren Gasen in den österreichischen Gasnetzen kontinuierlich anzuheben, durch die bestehende Gasinfrastruktur nationale Potentiale zur Sektorenkoppelung und Sektorenintegration zu realisieren sowie die Nutzung von erneuerbarem Gas in der österreichischen Gasversorgung stetig voranzutreiben.[34]

Allerdings geht der Gesetzgeber augenscheinlich davon aus, dass Wasserstoff und andere Gase in das Erdgasnetz eingespeist werden[35] und mit dem Erdgas vermengt werden können,[36] regelt aber nicht eigene Wasserstoffnetze. Jedenfalls bedeutet dies, dass die Unbundling-Vorschriften auch für Elektrolyseure gelten. Dies hat die zweifelhafte, jedenfalls bemerkenswerte Konsequenz, dass Verteilernetzbetreiber, die unter die Unbundling-Vorschriften fallen, die Tätigkeit „Gewinnung von Erdgas“ (was Elektrolyse einschließt) nicht ausüben dürfen,[37] bzw bei Fernleitungsbetreiber nicht dieselbe Person.[38] Das erscheint für eine Industrie, die noch errichtet werden muss, kontraproduktiv.

Verordnung zur Ergänzung der Richtlinie (EU) 2018/2001 des Europäischen Parlaments und des Rates durch die Festlegung einer Unionsmethode mit detaillierten Vorschriften für die Erzeugung flüssiger oder gasförmiger erneuerbarer Kraftstoffe nicht biogenen Ursprungs für den Verkehr, C(2023) 1087 final.

29 Bundesgesetz, mit dem Neuregelungen auf dem Gebiet der Erdgaswirtschaft erlassen werden (Gaswirtschaftsgesetz 2011 – GWG 2011), StF: BGBl I 2011/107.

30 Der Begriff Erdgas wird im GWG nicht definiert.

31 Erneuerbaren-Ausbau-Gesetzespaket – EAG-Paket, BGBl I 2021/150.

32 Art 1 Abs 2 Richtlinie 2009/73/EG des Europäischen Parlaments und des Rates vom 13. Juli 2009 über gemeinsame Vorschriften für den Erdgasbinnenmarkt, ABl L 2009/211, 94.

33 § 7 Abs 1 Z 16b GWG.

34 § 4 Z 9 und 10 GWG.

35 § 75 GWG zum Netzzutrittsentgelt.

36 § 133a GWG.

37 § 106 Abs 1 GWG.

38 § 111 Abs 1 und § 108 Abs 2 Z 1 GWG.

C. Elektrizitätsrecht

Besondere Anforderungen können sich auch aus dem Elektrizitätsrecht ergeben. Denn nach der Elektrizitätsbinnenmarkt-RL 2019/944/EU sind Elektrolyseure Speicheranlagen und diese dürfen nach den Unbundling-Vorgaben der RL 2019/944/EU grundsätzlich nicht im Eigentum von Übertragungs- und Verteilernetzbetreiber stehen. Diese dürfen Energiespeicheranlagen auch nicht errichten, verwalten oder betreiben.[39] Energiespeicherung ist als Energiespeicherung im Elektrizitätsnetz definiert als „die Verschiebung der endgültigen Nutzung elektrischer Energie auf einen späteren Zeitpunkt als den ihrer Erzeugung oder die Umwandlung elektrischer Energie in eine speicherbare Energieform, die Speicherung solcher Energie und ihre anschließende Rückumwandlung in elektrische Energie oder Nutzung als ein anderer Energieträger“.[40] Das ist anders als im Gasrecht, wo Elektrolyseure keine Speicheranlagen sind. Dort ist eine Speicheranlage definiert als „eine einem Erdgasunternehmen gehörende und/oder von ihm betriebene Anlage zur Speicherung von Erdgas, einschließlich des zu Speicherzwecken genutzten Teils von LNG-Anlagen, jedoch mit Ausnahme des Teils, der für eine Gewinnungstätigkeit genutzt wird“.[41] Gleichwohl sind den Fernleitungs- und Verteilernetzbetreibern, die unter die Unbundling-Vorschriften fallen – wie eben ausgeführt –, die Tätigkeiten der Gewinnung von Erdgas (bzw Wasserstoff) untersagt.

Im Elektrizitätsrecht sollen Speicherdienste marktgestützt und wettbewerblich ausgerichtet sein. Deshalb soll auch eine Quersubventionierung zwischen der Energiespeicherung und der regulierten Funktion der Verteilung oder der Übertragung vermieden werden, Wettbewerbsverzerrungen soll vorgebeugt und das Risiko der Diskriminierung abgewendet werden. Allen Marktteilnehmern soll ein fairer Zugang zu Energiespeicherdiensten gewährt und über den Betrieb der Verteiler- oder Übertragungsnetze hinaus die wirksame und effiziente Nutzung von Energiespeicheranlagen gefördert werden.[42] Eine Ausnahme ist nur für vollständig integrierte Netzkomponenten[43] möglich, die für die Erzeugung von Wasserstoff als Kraftstoff für den Verkehr aber nicht einschlägig ist.

---

39 Art 36 Abs 1 und Art 54 Abs 1 RL 2019/944/EU.

40 Art 2 Z 59 Richtlinie 2019/944/EU des Europäischen Parlaments und des Rates vom 5. Juni 2019 mit gemeinsamen Vorschriften für den Elektrizitätsbinnenmarkt, ABl L 2019/158, 125; außerdem § 22a ElWOG.

41 Art 2 Z 9 Richtlinie 2009/73/EG des Europäischen Parlaments und des Rates vom 13. Juli 2009 über gemeinsame Vorschriften für den Erdgasbinnenmarkt, ABl L 2009/211, 94. Zur Geltung für Wasserstoff: Art 1 Abs 2 RL 2009/73/EG.

42 ErwGr 62 RL 2019/944/EU.

43 Art 2 Z 51 RL 2019/944/EU.

IV. Wasserstofftankstelle

A. Die Richtlinie über den Aufbau der Infrastruktur für alternative Kraftstoffe

Die Europäische Union hat bereits 2014 eine Richtlinie über den Aufbau der Infrastruktur für alternative Kraftstoffe erlassen. Mit der Richtlinie sollte ein gemeinsamer Rahmen für Maßnahmen zum Aufbau einer Infrastruktur für alternative Kraftstoffe in der Union geschaffen werden, um die Abhängigkeit vom Erdöl so weit wie möglich zu verringern und die Umweltbelastung durch den Verkehr zu begrenzen.[44]

Danach sind alternative Kraftstoffe solche Kraftstoffe oder Energiequellen, die zumindest teilweise als Ersatz für Erdöl als Energieträger für den Verkehrssektor dienen und die zur Reduzierung der CO_2-Emissionen beitragen sowie die Umweltverträglichkeit des Verkehrssektors erhöhen können. Das schließt Wasserstoff ein,[45] wobei sich das Gesetz nicht nur auf erneuerbaren Wasserstoff bezieht, sondern auf Wasserstoff generell, ungeachtet seiner Erzeugung.

Die Richtlinie verpflichtet die Mitgliedstaaten, einen nationalen Strategierahmen für die Marktentwicklung bei alternativen Kraftstoffen im Verkehrsbereich und für den Aufbau der entsprechenden Infrastrukturen aufzustellen.[46] In diesem muss eine Bewertung des gegenwärtigen Stands und der zukünftigen Entwicklung des Markts für alternative Kraftstoffe im Verkehrsbereich erfolgen. Außerdem müssen nationale Einzel- und Gesamtziele für den Aufbau der Infrastruktur für alternative Kraftstoffe festgelegt werden, ferner Maßnahmen, um diese Ziele zu erreichen und solche, die den Aufbau der Infrastruktur für alternative Kraftstoffe für öffentliche Verkehrsmittel fördern können.

Was die Infrastruktur für Wasserstofffahrzeuge betrifft, sieht die Richtlinie wenig ambitioniert Folgendes vor: Die Mitgliedstaaten können sich dafür entscheiden, in ihren nationalen Strategierahmen öffentlich zugängliche Wasserstofftankstellen aufzunehmen. Dann haben sie bis zum 31. Dezember 2025 sicherzustellen, dass eine „angemessene Anzahl solcher Tankstellen zur Verfügung steht“, um den Verkehr von Kraftfahrzeugen mit Wasserstoffantrieb, einschließlich Fahrzeuge mit Brennstoffzellenantrieb, innerhalb der von diesen Mitgliedstaaten festgelegten Netze, darunter gege-

44 Richtlinie 2014/94/EU des Europäischen Parlaments und des Rates vom 22. Oktober 2014 über den Aufbau der Infrastruktur für alternative Kraftstoffe, ABl L 2014/307, 1.

45 Außerdem Elektrizität, Biokraftstoffe, synthetische und paraffinhaltige Kraftstoffe, Erdgas (auch CNG/LNG) und Flüssiggas ein: s auch § 2 Z 1 Bundesgesetz zur Festlegung einheitlicher Standards beim Infrastrukturaufbau für alternative Kraftstoffe, StF: BGBl I 2018/38.

46 Art 3 RL 2014/94/EU.

benenfalls grenzüberschreitende Verbindungen, sicherzustellen. Zudem ist sicherzustellen, dass öffentlich zugängliche Wasserstofftankstellen, die ab dem 18. November 2017 errichtet oder erneuert werden, bestimmten technischen Spezifikation entsprechen.[47]

Der Mitgliedstaat muss der Kommission regelmäßig einen Bericht über die Umsetzung seines nationalen Strategierahmens vorlegen, den diese bewertet und darüber das Europäische Parlament und den Rat informiert.[48]

Außerdem bestehen Informationspflichten: Die Mitgliedstaaten müssen sicherstellen, dass in Kraftfahrzeughandbüchern, an Tankstellen, in Kraftfahrzeugen und bei Kraftfahrzeughändlern „sachdienliche, in sich widerspruchsfreie und verständliche Informationen zur Verfügung gestellt werden, welche Kraftfahrzeuge regelmäßig mit welchen einzelnen in Verkehr gebrachten Kraftstoffen betankt" werden können.[49]

Bei der Anzeige von Kraftstoffpreisen an Tankstellen müssen auf eine Maßeinheit bezogene Vergleichspreise zu Informationszwecken angezeigt werden, die für den Verbraucher nicht irreführend oder verwirrend sind.[50]

Aufgrund der Unbundling-Vorgaben ist Fernleitungs- und Verteilernetzbetreibern die unmittelbare Versorgung[51] durch Erdgas untersagt.[52] Wenn Wasserstoff iSd RL 2019/944/EU mit Erdgas gleichgesetzt wird,[53] dann können sie keine Wasserstofftankstellen betreiben. Letzteres stellt sich dann als überschießend dar, wenn der Fernleitungs- oder Verteilernetzbetreiber keine reinen Wasserstoffleitungen betreibt.

B. Das Bundesgesetz zur Festlegung einheitlicher Standards beim Infrastrukturaufbau für alternative Kraftstoffe

Mit dem Bundesgesetz zur Festlegung einheitlicher Standards beim Infrastrukturaufbau für alternative Kraftstoffe (2018)[54] hat sich der österreichische Gesetzgeber für eine minimale Umsetzung entschieden. Öffentlich zugängliche Wasserstofftankstellen, die seit 18. November 2017 errichtet oder

47 Art 5 RL 2014/94/EU.

48 Art 10 RL 2014/94/EU.

49 Art 7 Abs 1 RL 2014/94/EU.

50 Art 7 RL 2014/94/EU: Um die Verbraucher zu sensibilisieren und in einheitlicher Weise für vollständige Transparenz der Kraftstoffpreise in der gesamten Union zu sorgen, wird der Kommission die Befugnis übertragen, mittels Durchführungsrechtsakten eine gemeinsame Methode für den Vergleich zwischen auf eine Maßeinheit bezogene Preisen für alternative Kraftstoffe festzulegen.

51 § 7 Abs 1 Z 69 GWG.

52 § 106 Abs 1, § 111 Abs 1 und § 108 Abs 2 Z 1 GWG.

53 S oben zu Elektrolyseuren.

54 Bundesgesetz zur Festlegung einheitlicher Standards beim Infrastrukturaufbau für alternative Kraftstoffe, StF: BGBl I 2018/38.

erneuert worden sind, müssen bestimmten technischen Spezifikationen entsprechen, wobei auf die unionsrechtlichen Regelungen verwiesen wird, die wiederum auf ISO-Spezifikationen verweisen.[55] Mit der Kraftstoffverordnung hat der Bund bereits 2012 Qualitätsstandards für an Tankstellen abzugebenden Wasserstoff festgelegt. Eine öffentlich zugängliche Wasserstofftankstelle ist eine ortsfeste oder mobile Tankanlage, an der Wasserstoff angeboten wird und zu der alle Nutzer aus der Union nichtdiskriminierend Zugang haben. Der nichtdiskriminierende Zugang kann verschiedene Arten der Authentifizierung, Nutzung und Bezahlung umfassen.[56]

C. Das Zurückbleiben der Förderung von Wasserstofftankstellen gegenüber der Förderung von Ladeeinrichtungen für Elektrofahrzeuge

Auch Hinsichtlich der Förderung von Wasserstofftankstellen bestehen Defizite, die sich zeigen, wenn man die Regeln mit denen für die Förderung von Ladeeinrichtungen für Elektrofahrzeuge vergleicht:

Erstens müssen die Mitgliedstaaten Wasserstofftankstellen nicht fördern. In der Richtlinie über den Aufbau der Infrastruktur für alternative Kraftstoffe wird von den Mitgliedstaaten verlangt, Ballungsräume und andere dicht besiedelte Gebiete sowie Netze anzugeben, die mit öffentlich zugänglichen Ladepunkten für Elektro- und Tankstellen für Erdgasfahrzeuge (CNG) ausgestattet werden sollen;[57] für Tankstellen für Wasserstofffahrzeuge besteht diese Pflicht aber nicht.

Zweitens müssen Ladepunkte (also für Elektrofahrzeuge[58]) öffentlich zugänglich betrieben werden, wenn sich diese auf öffentlichem Grund oder einer öffentlichen Verkehrsfläche, an einem Standort, der die kombinierte Nutzung öffentlicher Verkehrsmittel und umweltfreundlicher Fahrzeuge ermöglicht (Haltestationen der öffentlichen Verkehrsmittel, Parkplätze, Bahnhöfe, Flughäfen), an einer Rastanlage im hochrangigen Straßennetz, an einer

55 § 4 Abs 2 Bundesgesetz zur Festlegung einheitlicher Standards beim Infrastrukturaufbau für alternative Kraftstoffe und Verordnung der Bundesministerin für Digitalisierung und Wirtschaftsstandort über technische Spezifikationen für Ladepunkte und für Tankstellen für alternative Kraftstoffe (Ladepunkte- und Tankstellen-Verordnung – LT-V), StF: BGBl II 2019/280; s außerdem zur Qualität von Wasserstoff, der an Wasserstofftankstellen abgegeben wird: § 3 Abs 1 Z 9 Verordnung des Bundesministers für Land- und Forstwirtschaft, Umwelt und Wasserwirtschaft über die Qualität von Kraftstoffen und die nachhaltige Verwendung von Biokraftstoffen (Kraftstoffverordnung 2012), StF: BGBl II 2012/398.

56 § 2 Z 6 und 7 Bundesgesetz zur Festlegung einheitlicher Standards beim Infrastrukturaufbau für alternative Kraftstoffe und § 2 Abs 2 LT-V.

57 Art 3 Abs 1 und Art 4 RL 2014/94/EU.

58 Art 2 Z 3 RL 2014/94/EU.

Tankstelle oder auf einem Tankstellenareal befinden.[59] Für Wasserstofftankstellen gilt das nicht.

Drittens muss Nutzern von Elektrofahrzeugen auch das punktuelle Aufladen ermöglicht werden, ohne dass ein Dauerschuldverhältnis mit dem Betreiber abgeschlossen werden muss. Außerdem müssen gängige Zahlungsarten angeboten werden. Auch diese Anforderungen bestehen für Wasserstofftankstellen nicht.[60]

Viertens muss die E-Control ein öffentliches Ladestellenverzeichnis für Elektrofahrzeuge führen, das allen Nutzern in offener und nichtdiskriminierender Weise zugänglich ist. Sie muss Maßnahmen zur Verbesserung der Vergleichbarkeit der Preise, die an öffentlich zugänglichen Ladepunkten für Elektrofahrzeuge verrechnet werden, ergreifen.[61] Auch diese Verpflichtungen bestehen nicht für Wasserstofftankstellen.

D. Der Vorschlag für eine Verordnung über den Aufbau der Infrastruktur für alternative Kraftstoffe

In ihrem Evaluierungsbericht 2021 hat die Europäische Kommission festgestellt, dass 2019 die Zahl der Wasserstofftankstellen immer noch sehr gering war (127)[62] und nur 1.200 Brennstoffzellenfahrzeuge in Betrieb waren. Die Infrastruktur für die Wasserstoffbetankung war sehr konzentriert. 76 (60 %) der Wasserstofftankstellen befanden sich in Deutschland, 14 in Frankreich und nur 10 Mitgliedstaaten hatten mindestens eine Tankstelle in Betrieb. Frankreich verfügte über die größte Anzahl an Wasserstofffahrzeugen (413), gefolgt von Deutschland (266).[63]

Die Kommission kritisierte, dass es keine detaillierte und verbindliche Methodik für die Berechnung von Zielen und die Annahme von Maßnahmen für die Mitgliedstaaten gibt, weshalb sich ihre Ambitionen bei der Festlegung der Zielvorgaben und der flankierenden Maßnahmen erheblich unterscheiden.[64]

59 § 3 Abs 2 Bundesgesetz zur Festlegung einheitlicher Standards beim Infrastrukturaufbau für alternative Kraftstoffe; Ausnahme § 3 Abs 3 leg cit.

60 § 3 Abs 4 Bundesgesetz zur Festlegung einheitlicher Standards beim Infrastrukturaufbau für alternative Kraftstoffe.

61 §§ 4a und 4b Bundesgesetz zur Festlegung einheitlicher Standards beim Infrastrukturaufbau für alternative Kraftstoffe.

62 Gegenüber 35 im Jahr 2016 und 39 im Jahr 2018.

63 Commission, Staff working Document, Evaluation of Directive 2014/94/EU of the European Parliament and of the Council on the deployment of alternative fuels infrastructure accompanying the Proposal for a Regulation of the European Parliament and of the Council on the deployment of alternative fuels infrastructure, and repealing Directive 2014/94/EU of the European Parliament and of the Council, SWD(2021) 637 final, 16f (Punkt 3.3.3).

64 Commission, Staff working Document, Evaluation of Directive 2014/94/EU, SWD(2021) 637 final, 19 (Punkt 4.2.2) und 21f (Punkt 5.1.1).

Aus diesem Grund schlug die Kommission eine neue Verordnung über den Aufbau der Infrastruktur für alternative Kraftstoffe[65] vor, die die geltende Richtlinie über den Aufbau der Infrastruktur für alternative Kraftstoffe ablösen soll. Das Ziel soll es sein, dass „alle Nutzer von mit alternativen Kraftstoffen betriebenen Fahrzeugen (einschließlich Schiffen und Flugzeugen) [...] problemlos in der Lage sein [müssen], sich mithilfe wichtiger Infrastrukturen wie Autobahnen, Häfen und Flughäfen in der gesamten EU zu bewegen". Die Kommission nennt drei spezifische Ziele:

- die Gewährleistung einer Mindestinfrastruktur zur Unterstützung der erforderlichen Einführung von mit alternativen Kraftstoffen betriebenen Fahrzeugen für alle Verkehrsträger und in allen Mitgliedstaaten, um die Klimaziele der EU zu erreichen;
- die Gewährleistung der vollständigen Interoperabilität der Infrastruktur und
- die Gewährleistung umfassender Nutzerinformationen und angemessener Zahlungsoptionen.

Für die Ziele des europäischen Green Deals zur Verringerung der verkehrsbedingten Treibhausgasemissionen sowie zur Entwicklung eines gemeinsamen EU-Verkehrsmarktes sind „eine vollständige Konnektivität und eine reibungslose Nutzung im europäischen Verkehrsnetz" für Fahrzeuge, Schiffe und Luftfahrzeuge erforderlich, was eine ausreichende und vollständig interoperable, grenzübergreifende Infrastruktur erforderlich macht.[66]

Der Vorschlag der Kommission ist auf eine Verordnung bezogen, damit „sich die Entwicklung hin zu einem dichten, flächendeckenden Netz vollständig interoperabler Ladeinfrastrukturen in allen Mitgliedstaaten rasch und kohärent vollzieht". Eine rasche und kohärente Umsetzung sei erforderlich, weil die ersten Ziele bereits bis 2025 erreicht werden sollen.[67]

Folgende Änderungen sind vorgesehen, wobei hier nur die wichtigsten angeführt werden:

- Es soll begrifflich zwischen „alternativen Kraftstoffen für emissionsfreie Fahrzeuge", „erneuerbaren Kraftstoffen" und „alternativen fossilen Brennstoffen" für eine Übergangsphase unterschieden werden. Wasserstoff soll zur Gruppe der „alternativen Kraftstoffe für emissionsfreie Fahrzeuge" gehören. Weiterhin soll nicht nach dem Entstehungsprozess von Wasserstoff unterschieden werden.[68]
- Es sollen verbindliche nationale Ziele für den Aufbau einer ausreichenden

65 Vorschlag, COM(2021) 559 final.
66 Vorschlag, COM(2021) 559 final, 1 f (Punkt 1.1).
67 Vorschlag, COM(2021) 559 final, 9.
68 Art 2 Z 3 Vorschlag, COM(2021) 559 final.

Infrastruktur für alternative Kraftstoffe in der Union für Straßenfahrzeuge, Schiffe und stationäre Luftfahrzeuge[69] festgelegt werden.[70]

- Bis Ende 2030 soll eine Mindestanzahl öffentlich zugänglicher Wasserstofftankstellen in den Mitgliedstaaten errichtet sein.[71] Diese sollen eine Mindestkapazität über von 2 Tonnen/Tag verfügen und mit mindestens einer 700-bar-Zapfsäule errichtet werden. Sie sollen im TEN-V-Kernnetz und im TEN-V-Gesamtnetz nicht mehr als 150 km voneinander entfernt liegen.
- Flüssiger Wasserstoff muss an öffentlich zugänglichen Tankstellen im Abstand von höchstens 450 km zur Verfügung gestellt werden. Benachbarte Mitgliedstaaten haben sich abzustimmen, damit diese Entfernungen eingehalten werden.[72]
- Außerdem muss bis Ende 2030 an jedem sog städtischen Knoten[73] mindestens eine öffentlich zugängliche Wasserstofftankstelle errichtet werden. Damit würden 700 Wasserstofftankstellen an Verkehrsknotenpunkten und 88 Wasserstofftankstellen an städtischen Knoten erforderlich werden.[74]
  Der Rat hat die Vorschläge der Kommission relativiert und den vorgeschlagenen Abstand von 150 km auf 200 km erweitert und sich darauf verständigt, dass die Mitgliedstaaten eine Analyse der jeweils besten Standorte solcher Tankstellen unter Berücksichtigung städtischer Knoten (oder in deren Nähe) oder an multimodalen Knotenpunkten vornehmen sollen.[75]
- Nach dem Vorschlag der Kommission muss die Wasserstoff-Tankstelle für leichte und schwere Nutzfahrzeuge ausgelegt sein. Auch in Güterterminals muss flüssiger Wasserstoff verfügbar sein.[76]

---

69 S Art 2 Z 19 Vorschlag, COM(2021) 559 final.

70 Art 1 Abs 1 Vorschlag, COM(2021) 559 final.

71 Art 6 Abs 1 Vorschlag, COM(2021) 559 final.

72 Auf den grenzüberschreitenden Abschnitten des TEN-V-Kernnetzes und des TEN-V-Gesamtnetzes: Art 6 Abs 2 Vorschlag, COM(2021) 559 final.

73 Art 2 Z 66 Vorschlag, COM(2021) 559 final iVm Art 3 lit p Verordnung (EU) 1315/2013 des Europäischen Parlaments und des Rates vom 11. Dezember 2013 über Leitlinien der Union für den Aufbau eines transeuropäischen Verkehrsnetzes und zur Aufhebung des Beschlusses 661/2010/EU, ABl L 2013/348, 1 (7): „ein städtisches Gebiet, in dem die Verkehrsinfrastruktur des transeuropäischen Netzes, wie beispielsweise Häfen einschließlich Passagierterminals, Flughäfen, Bahnhöfe, Logistikplattformen und Güterterminals, die innerhalb oder in der Nähe städtischer Gebiete liegen, mit anderen Teilen dieser Infrastruktur und mit der Infrastruktur für den Nah- und Regionalverkehr verbunden ist".

74 Vorschlag für eine Richtlinie des Europäischen Parlaments und des Rates über gemeinsame Vorschriften für die Binnenmärkte für erneuerbare Gase und Erdgas sowie Wasserstoff, 15.12.2021, COM(2021) 803 final.

75 Art 6 Allgemeine Ausrichtung des Rates, 2021/0223(COD); ST 9585 2022 INIT.

76 Art 6 Abs 3 Vorschlag, COM(2021) 559 final.

- Alle Betreiber öffentlich zugänglicher Wasserstofftankstellen sollen verpflichtet werden, Endnutzern die Möglichkeit zu geben, punktuell zu tanken, also ohne ein längeres Vertragsverhältnis mit dem Tankstellenbetreiber begründen zu müssen.[77]
- Die Kunden sollen zur Bezahlung ein in der Union weit verbreitetes Zahlungsinstrument verwenden können (elektronische Zahlungen über Endgeräte und Einrichtungen, die für Zahlungsdienste genutzt werden).[78]
- Die von den Betreibern öffentlich zugänglicher Wasserstoff-Tankstellen berechneten Preise müssen angemessen, einfach und eindeutig vergleichbar, transparent und nichtdiskriminierend sein. Eine Preisdiskriminierung zwischen Endnutzern und Mobilitätsdienstleistern oder zwischen verschiedenen Mobilitätsdienstleistern ist unzulässig. Eine Differenzierung des Preisniveaus muss gegebenenfalls objektiv gerechtfertigt sein.[79]
- Außerdem dürfen die Betreiber öffentlich zugänglicher Tankstellen den Kunden Wasserstoff-Betankungsdienste auf vertraglicher Grundlage, auch im Namen und Auftrag anderer Mobilitätsdienstleister, erbringen.[80]

Die Anforderungen an den nationalen Strategierahmen werden deutlich umfassender und differenzierter. Die Mitgliedstaaten müssen bis Anfang 2024 einen Entwurf eines nationalen Strategierahmens für die Marktentwicklung bei alternativen Kraftstoffen im Verkehrsbereich sowie für den Aufbau der entsprechenden Infrastrukturen erstellen und ihn der Kommission übermitteln.

Dieser muss soll auch Folgendes enthalten:

- Ziele für die Infrastruktur zur Wasserstoffbetankung von Straßenfahrzeugen;
- Strategien und Maßnahmen, die für die Erreichung der verbindlichen Einzel- und Gesamtziele erforderlich sind;
- Maßnahmen zur Förderung des Aufbaus einer Infrastruktur für alternative Kraftstoffe für gebundene Fahrzeugflotten, insbesondere auch Wasserstofftankstellen für öffentliche Verkehrsdienste;
- Maßnahmen zur Förderung der Infrastruktur für alternative Kraftstoffe an städtischen Knoten;
- Maßnahmen, die die Zugänglichkeit von öffentlich zugänglichen Tankstellen für ältere Menschen, Menschen mit eingeschränkter Mobilität und Menschen mit Behinderungen gewährleisten;

---

77 Art 3 Z 48 Vorschlag, COM(2021) 559 final, dh ohne dass der Endnutzer sich registrieren, eine schriftliche Vereinbarung schließen oder eine längerfristige, über den bloßen Erwerb der Dienstleistung hinausgehende Geschäftsbeziehung mit dem Betreiber der Zapfstelle eingehen muss.

78 Art 7 Abs 1 Vorschlag, COM(2021) 559 final.

79 Art 7 Abs 2 Vorschlag, COM(2021) 559 final.

80 Art 7 Abs 4 Vorschlag, COM(2021) 559 final.

- Maßnahmen zur Beseitigung möglicher Hindernisse bei der Planung, der Genehmigung und der Beschaffung von Infrastruktur für alternative Kraftstoffe;
- einen Plan für den Aufbau der Infrastruktur für alternative Kraftstoffe auf Flughäfen, insbesondere auch für Wasserstoff für Luftfahrzeuge;
- einen Plan für den Aufbau der Infrastruktur für alternative Kraftstoffe für Hafendienste, insbesondere auch für Wasserstoff;
- einen Plan für den Aufbau der Infrastruktur für alternative Kraftstoffe in Seehäfen, insbesondere auch für Wasserstoff;
- einen Plan für den Einsatz alternativer Kraftstoffe in der Binnenschifffahrt, insbesondere auch Wasserstoff;
- einen Einführungsplan samt Zielvorgaben, wichtigen Meilensteinen und benötigten Finanzmitteln für Wasserstoffzüge auf Netzabschnitten, die nicht elektrifiziert werden.

Die Mitgliedstaaten sollen sicherstellen, dass in den nationalen Strategierahmen gegebenenfalls die Interessen der regionalen und lokalen Behörden, der betroffenen Beteiligten berücksichtigt werden. Außerdem soll die Zusammenarbeit mit anderen Mitgliedstaaten gestärkt werden. Die Öffentlichkeit soll frühzeitig und effektiv Gelegenheit erhalten, an der Ausarbeitung dieser Entwürfe mitzuwirken.

Die Kommission soll die Entwürfe der nationalen Strategierahmen bewerten und Empfehlungen an die Mitgliedstaaten richten können, die diesen gebührend Rechnung tragen sollen. Bis zum 1. Januar 2025 soll der Prozess abgeschlossen und der endgültige nationale Strategierahmen erstellt sein.[81]

Nach zwei Jahren sollen die Mitgliedstaaten der Kommission Fortschrittsberichte über die Umsetzung ihres nationalen Strategierahmens vorlegen, zu denen diese ebenfalls Empfehlungen abgeben kann. Anders als bei Ladestationen für Elektrofahrzeuge werden diese Fortschrittsberichte nicht von nationalen Regulierungsbehörden bewertet.[82]

V. Transport von Wasserstoff

A. Möglichkeiten

Ideal wäre die Herstellung von Wasserstoff vor Ort, wo immer dies möglich ist. Zwar kann Wasserstoff auch per Lkw transportiert werden, jedoch werden wegen seines hohen Volumenbedarfs mehr Fahrten als mit Benzin und Diesel erforderlich sein.[83]

81 Art 13 Vorschlag, COM(2021) 559 final.
82 Art 14 Vorschlag, COM(2021) 559 final.
83 Stellungnahme des Europäischen Wirtschafts- und Sozialausschusses, ABl C 2022/152, 138 (144 – Punkt 4.17).

Für Transporte von großen Mengen gibt es vor allem vier Möglichkeiten: Wasserstoff kann, wie Erdgas, in Pipelines transportiert werden. Dafür muss der Wasserstoff vor der Einspeisung in das Netz verdichtet werden und ggf mehrfach komprimiert werden, bis er an den Ausspeisepunkt gelangt ist. Der Vorteil dieser Transportmöglichkeit liegt darin, dass für den Transport von Wasserstoff das bestehende Erdgas-Pipeline-System genutzt werden kann.

Derzeit ist eine Beimischung von max 10 % Wasserstoff in den Erdgas-Transport zugelassen. Künftig soll ausschließlich grüner Wasserstoff genutzt werden, dh es soll das Erdgas weitgehend verdrängt werden. Für derartige reine Wasserstoffnetze stellen sich vor allem folgende Herausforderungen: Der Aufbau neuer Pipelines ist kostenintensiv, hat eine lange Vorlaufzeit und unterliegt erheblichen Planungs- und Genehmigungsvoraussetzungen. Zudem sind Pipelines ein natürliches Monopol, weshalb sich viele regulatorische Fragen hinsichtlich Netzzugang, Unbundling und Entgelte stellen.

Zweitens kann Wasserstoff verflüssigt werden. Dies erfolgt durch Abkühlung auf -253° C. Jedoch ist die Hydrierung sehr kostenintensiv, der Transport kompliziert und die Anfangsinvestitionen sind erheblich. Die Technologie ist neu und noch nicht im industriellen Maßstab erprobt, gilt aber als vielversprechend.

Die dritte Möglichkeit besteht darin, Ammoniak als Träger zu nutzen. Aus Wasserstoff kann im Wege der Ammoniaksynthese mit Stickstoff aus der Luft flüssiger Ammoniak hergestellt werden. Dieser kann gekühlt in Tanks transportiert werden. Am Zielort wird aus dem Ammoniak im Wege der Ammoniakspaltung wieder Wasserstoff hergestellt, wobei auch Stickstoff frei wird. Ammoniaksynthese und Ammoniakspaltung sind bereits bekannte und eingeführte Verfahren, die jedoch auch Nachteile haben: Ammoniak ist giftig und erfordert teure Sicherungsmaßnahmen. Außerdem ist die Ammoniakspaltung energieintensiv.

Schließlich können flüssige, organische Wasserstoffträger genutzt werden. Diese werden hydriert, dh Wasserstoff wird an diese gebunden. Diese Verbindung (LOHC – *liquid organic hydrogen carriers*, zB Benzyltoluol) kann ohne Änderung des Atmosphärendrucks transportiert werden. Am Zielort kann LOHC wieder dehydriert werden. Der Vorteil dieser Methode liegt darin, dass LOHC einfach gelagert und transportiert werden können, ähnlich wie Öl. Die Dehydrierung ist energie- und damit kostenintensiv. Darüber hinaus ist die Nutzbarkeit von LOHC auch noch nicht abschließend erforscht.

B. Bau und Ausbau von Wasserstoffnetzen

Zwar schließt die RL 2009/73/EG den Wasserstofftransport ein,[84] weil auch für „andere Gasarten [gilt], soweit es technisch und ohne Beeinträchtigung der Sicherheit möglich ist, diese Gase in das Erdgasnetz einzuspeisen und durch dieses Netz zu transportieren“,[85] jedoch zielt die Richtlinie auf eine bestehende Erdgas-Infrastruktur ab und nicht auf noch zu errichtende, wie sie für den Transport von Wasserstoff erforderlich ist. Die Ausrichtung der Richtlinie ist dabei unabhängig von der Frage, ob bestehende Erdgas-Fernleitungsnetze und -Verteilernetze für den Transport von Wasserstoff genutzt oder ob neue Wasserstoffleitungen bzw -netze errichtet werden sollen. Es bedarf einer grundsätzlichen Entscheidung darüber, ob Wasserstoffleitungen, hinsichtlich Zugangs, Tarifierung, Entflechtung und Ausbaupflichten wie Erdgasleitungen reguliert werden sollen. Dies erscheint aber schon deshalb nicht angemessen, weil der Aufbau von Wasserstoffleitungen in der Anfangsphase einer Förderung (Anreiz) bedarf.

Inzwischen hat die Kommission einen Vorschlag für eine Richtlinie und einen für eine Verordnung vorgelegt, die beide – plakativ und programmatisch – „für die Binnenmärkte für erneuerbare Gase und Erdgas sowie für Wasserstoff“ gelten sollen.[86]

Die wichtigsten Eckpunkte des Vorschlags für die Richtlinie sind, dass die Wasserstoffnetzbetreiber künftig regulatorisch entflochten werden sollen, teilweise weiter als Erdgasfernleitungsnetzbetreiber (aber es soll Freistellungen geben).[87] Es soll ein System für den regulierten Zugang Dritter zu den Wasserstoffnetzen eingeführt werden, das auf veröffentlichten Tarifen beruht und nach objektiven Kriterien und ohne Diskriminierung zwischen den Nutzern des Wasserstoffnetzes angewandt wird. Allerdings können die Mitgliedstaaten bis Ende 2030 auch ein System des verhandelten Netzzugangs einführen, wenn der Zugang auf vertraglicher Basis nach objektiven, transparenten und nichtdiskriminierenden Kriterien gewährt wird.[88] Der Zugang zu Wasserstoffterminals soll auf Vertragsbasis erfolgen,[89] der zu Wasserstoffspeicheranlagen (auch zur Wasserstoffnetzpufferung) auf veröffentlichten Tarifen nach objektiven Kriterien und ohne Diskriminierung.

84 Dazu *Storr*, Rechtsfragen zur Einführung einer Wasserstoffwirtschaft in Österreich, NR 2022, 38 (42).
85 Art 1 Abs 2 RL 2009/73/EG.
86 Vorschlag für eine Richtlinie des Europäischen Parlaments und des Rates über die Binnenmärkte für erneuerbare Energien, Erdgas und Wasserstoff, COM(2021) 803 final; siehe auch Vorschlag für eine Verordnung des Europäischen Parlaments und des Rates über die Binnenmärkte für erneuerbare Energien, Erdgas und Wasserstoff, COM(2021) 804 final.
87 Art 62 Vorschlag, COM(2021) 803 final.
88 Art 31 Vorschlag, COM(2021) 803 final.
89 Art 32 Vorschlag, COM(2021) 803 final.

Davon sollen „große neue Wasserstoffinfrastrukturen, dh Verbindungsleitungen, Wasserstoffterminals und unterirdische Wasserstoffspeicher“ für einen bestimmten Zeitraum befreit werden können, ua wenn die betreffende Investition den Wettbewerb bei der Gas- oder Wasserstoffversorgung stärkt und die Versorgungssicherheit verbessert, die Investition zur Dekarbonisierung beiträgt und das mit der Investition verbundene Risiko so hoch ist, dass die Investition ohne eine Ausnahmegenehmigung nicht getätigt würde.[90]

Es soll ein Europäisches Netzwerk der Wasserstoffnetzbetreiber (ENNOH) gegründet werden, das ua Zehnjahrespläne zur Netzentwicklung aufstellen soll, welche die technische Zusammenarbeit von Fernleitungs- und Verteilernetzbetreibern einerseits und Wasserstoffnetzbetreibern andererseits fördern soll.[91] Der Transport erneuerbarer und CO_2-armer Gase soll durch Tarifnachlässe bei Netzentgelten um 75 % gefördert werden.[92] Fernleitungsnetzbetreiber sollen verbindliche Kapazität für den Zugang von Erzeugungsanlagen für erneuerbare und CO_2-arme Gase gewährleisten[93] und ab 2025 sollen die Fernleitungsnetzbetreiber an Kopplungspunkten zwischen Mitgliedstaaten Gasflüsse mit einem Wasserstoffvolumenanteil von bis zu 5 % akzeptieren.[94] Das Rechtsetzungsverfahren steht jedoch noch am Anfang.

Ein wichtiges Instrument zum Aufbau der Wasserstoff-Transportleitungen ist die erst im Juni 2022 in Kraft getretene Verordnung (EU) 2022/869 zu Leitlinien für die transeuropäische Energieinfrastruktur.[95] Darin werden vorrangige Korridore für Wasserstoff und Elektrolyseure definiert, insbesondere Wasserstoffverbindungsleitungen in Westeuropa („HI West“[96]), in Mittelosteuropa und Südosteuropa („HI East“), – beiden ist Österreich zugeordnet – und einen Wasserstoffverbundplan für den baltischen Energiemarkt („BEMIP Hydrogen“).[97]

Dafür müssen Fernleitungen für den Transport von Wasserstoff, einschließlich umgewidmete Erdgasinfrastruktur, angeschlossene Speicher, Anlagen für die Übernahme, Speicherung und Rückvergasung oder Dekomprimierung von Flüssigwasserstoff oder Wasserstoff, Ausrüstung und Unterstützungsanlagen und auch Ausrüstung und Anlagen, die die Verwendung von Wasserstoff oder aus Wasserstoff gewonnenen Kraftstoffen im Verkehrssektor innerhalb des TEN-V-Kernnetzes ermöglicht, geschaffen werden.[98]

---

90 Art 60 Vorschlag, COM(2021) 804 final mit weiteren Voraussetzungen.
91 Art 42 Vorschlag, COM(2021) 804 final.
92 Art 16 Vorschlag, COM(2021) 804 final.
93 Art 18 Vorschlag, COM(2021) 804 final.
94 Art 20 Vorschlag, COM(2021) 804 final.
95 Verordnung (EU) 2022/869 des Europäischen Parlaments und des Rates vom 30. Mai 2022 zu Leitlinien für die transeuropäische Energieinfrastruktur, ABl L 2022/152, 45.
96 Hydrogen Interconnection.
97 Anhang I Z 3 VO (EU) 2022/869.
98 Anhang I Z 4 VO (EU) 2022/869.

VI. Förderung von Wasserstoffkraftfahrzeugen

Eine nur mittelbare Förderung von Wasserstoffkraftfahrzeugen erfolgte bereits durch die VO (EU) 2019/631 zur Festsetzung von CO_2-Emissionsnormen für neue Personenkraftwagen und für neue leichte Nutzfahrzeuge.[99] Darin werden die Hersteller von Kraftfahrzeugen verpflichtet die CO_2-Emissionsleistung neuer Personenkraftwagen und neuer leichter Nutzfahrzeuge, die in der EU erstmals zugelassen werden, zu verringern. Zwar werden keine konkreten Vorgaben für Fahrzeuge gemacht, jedoch wird der CO_2-Emissionsdurchschnitt von in der Union zugelassenen neuen Personenkraftwagen bzw neuen leichten Nutzfahrzeugen für die gesamte EU-Flotte festgelegt. Dieser Zielwert beträgt 95 g CO_2/km bzw 147 g CO_2/km. In den Folgejahren soll die durchschnittliche Emissionsrate weiter verringert werden (ab 2025 um 15 % für Pkw und leichte Nutzfahrzeuge, ab 2030 für Pkw um 37,5 %, für leichte Nutzfahrzeuge um 31 % gegenüber 2021).[100] Für schwere Nutzfahrzeuge gelten für – ebenfalls nur für in der EU – erstmals zugelassene Lkw ab 2025 um 15 %, ab 2030 um 30 %.[101]

Die Clean-Car-RL verpflichtet die Mitgliedstaaten zwar nicht dazu, den Kauf von Wasserstoff-Fahrzeugen zu fördern, aber sicherzustellen, dass öffentliche und andere Auftraggeber dazu verpflichtet sind, beim Kauf bestimmter Straßenfahrzeuge die Energie- und Umweltauswirkungen, einschließlich des Energieverbrauchs, der CO_2-Emissionen und bestimmter Schadstoffemissionen während der gesamten Lebensdauer, zu berücksichtigen.[102]

Weitere Förderungen finden sich zB in der Mauttarifverordnung[103] oder im Normverbrauchsabgabengesetz 1991.[104]

---

99 Verordnung (EU) 2019/631 des Europäischen Parlaments und des Rates vom 17. April 2019 zur Festsetzung von CO_2-Emissionsnormen für neue Personenkraftwagen und für neue leichte Nutzfahrzeuge, ABl L 2019/111, 13; s auch Vorschlag der Kommission für eine Verordnung des Europäischen Parlaments und des Rates zur Änderung der Verordnung (EU) 2019/631 im Hinblick auf eine Verschärfung der CO_2-Emissionsnormen für neue Personenkraftwagen und für neue leichte Nutzfahrzeuge im Einklang mit den ehrgeizigeren Klimazielen der Union, COM(2021) 556 final.

100 Art 1 VO (EU) 2019/631.

101 Art 1 Verordnung (EU) 2019/1242 des Europäischen Parlaments und des Rates vom 20. Juni 2019 zur Festlegung von CO_2-Emissionsnormen für neue schwere Nutzfahrzeuge, ABl L 2019/198, 202.

102 Art 1 Richtlinie (EU) 2019/1161 des Europäischen Parlaments und des Rates vom 20. Juni 2019 zur Änderung der Richtlinie 2009/33/EG über die Förderung sauberer und energieeffizienter Straßenfahrzeuge, ABl L 2019/188, 116.

103 § 1 Verordnung der Bundesministerin für Klimaschutz, Umwelt, Energie, Mobilität, Innovation und Technologie über die Festsetzung der Mauttarife (Mauttarifverordnung 2021), BGBl II 2021/585.

104 § 3 Abs 1 Z 1 Bundesgesetz, mit dem eine Abgabe für den Normverbrauch von Kraftfahrzeugen eingeführt wird (Normverbrauchsabgabegesetz – NoVAG 1991), StF: BGBl 1991/695.

VII. Förderungen für Elektrolyseure

Die Errichtung von Anlagen zur Erzeugung von erneuerbarem Wasserstoff wird mit dem Erneuerbaren-Ausbau-Gesetz (EAG) gefördert.[105] Für die Errichtung einer Anlage zur Umwandlung von Strom in Wasserstoff (oder synthetisches Gas) mit einer Mindestleistung von 1 MW sind jährlich EUR 40 Millionen vorgesehen.[106] Voraussetzung für die Förderung ist, dass die Anlage ausschließlich zur Produktion von erneuerbaren Gasen genutzt wird und ausschließlich erneuerbare Elektrizität bezieht. Ausgeschlossen ist eine Förderung von Elektrolyseuren, die die Funktion der integrierte Netzkomponente iSv § 22a ElWOG haben oder die Wasserstoff zu Erdgas im öffentlichen Gasnetz beimengen.[107] Die geltende Investitionszuschüsseverordnung schließt Elektrolyseure noch nicht ein.[108] Für Betreiber von Elektrolyseuren sieht das EAG eine Befreiung von der Erneuerbaren Förderpauschale und vom Erneuerbaren Förderbeitrag vor, sofern die Anlage ausschließlich erneuerbare Elektrizität bezieht und nicht in das Gasnetz einspeist.[109] Ferner gibt es Befreiungen vom Netzzutrittsentgelt[110] und vom Netzbereitstellungsentgelt[111] sowie für 15 Jahre vom Netznutzungsentgelt und vom Netzverlustentgelt.[112]

Grundsätzlich unterliegt Wasserstoff der Erdgasabgabe, und zwar in Höhe von 0,021 EUR/m³.[113] Eine Befreiung von der Erdgasabgabe gibt es für Wasserstoff, der zur Herstellung, für den Transport oder für die Speicherung von Gas verwendet oder der für den Transport und für die Verarbeitung von Mineralöl verbraucht wird. Der Wasserstoff muss ausschließlich aus erneuerbaren Energieträgern hergestellt sein, wenn mit erneuerbarem Wasserstoff synthetisches Gas erzeugt oder wenn der Wasserstoff weder als Treibstoff noch zur Herstellung von Treibstoffen verwendet wird und wenn bestimmte Nachhaltigkeitsanforderungen eingehalten werden.[114]

105 § 2 Abs 2 Z 4 EAG.
106 § 62 Abs 2 EAG.
107 § 62 Abs 1 EAG.
108 Nur Stromspeicher auf Basis von Akkumulatoren: § 2 Abs 1 Z 16 Verordnung der Bundesministerin für Klimaschutz, Umwelt, Energie, Mobilität, Innovation und Technologie zur Gewährung von Investitionszuschüssen für die Neuerrichtung, Revitalisierung und Erweiterung von Anlagen zur Erzeugung und Speicherung von Strom aus erneuerbaren Quellen für das Jahr 2022 (EAG-Investitionszuschüsseverordnung-Strom), StF: BGBl II 2022/149.
109 § 73 Abs 1 S 3 und § 75 Abs 1 S 3 EAG; außerdem in § 5 Abs 1 Z 15 und 16 EAG.
110 § 54 Abs 6 ElWOG.
111 § 55 Abs 10 ElWOG.
112 § 111 Abs 3 ElWOG.
113 § 5 Abs 4 Bundesgesetz, mit dem eine Abgabe auf die Lieferung und den Verbrauch von Erdgas eingeführt wird (Erdgasabgabegesetz), StF: BGBl 1996/201.
114 § 3 Abs 2 Z 3 und 4 Erdgasabgabegesetz.

Elektrolyseure sind von der Elektrizitätsabgabe befreit, weil es bei der dafür aufgewandten elektrischen Energie um eine solche für nichtenergetische Zwecke handelt.[115]

Nach der Allgemeinen Gruppenfreistellungverordnung der EU (AGVO) in der Fassung von 2021 sind Investitionsbeihilfen für öffentlich zugängliche Lade- oder Tankinfrastruktur für emissionsfreie und emissionsarme Straßenfahrzeuge möglich, wozu insbesondere auch solche mit erneuerbarem Wasserstoff für Verkehrszwecke gehören. Die Mitgliedstaaten haben sicherzustellen, dass die Anforderung, dass erneuerbarer Wasserstoff bereitgestellt wird, während der gesamten wirtschaftlichen Lebensdauer der Infrastruktur erfüllt wird.[116]

Auch nach den Leitlinien für Beihilfen für die Erzeugung erneuerbarer Energie ist die Förderung einer Wasserstoff-Tankinfrastruktur ausdrücklich als förderfähig angeführt. Außerdem sind weitere Wasserstoff-Infrastrukturen förderfähig, zu denen Hochdruckfernleitungen, Speicheranlagen (Anlagen, die zur Speicherung von hochreinem Wasserstoff genutzt werden), Anlagen für die Einspeisung, Übernahme, Rückvergasung oder Dekomprimierung von Wasserstoff, Terminals, Verbindungsleitungen, alle Ausrüstungen oder Anlagen, die für den sicheren und effizienten Betrieb eines Wasserstoffnetzes und bidirektionale Kapazität unentbehrlich sind, einschließlich Verdichterstationen gehören.[117]

Bei Luftfahrzeugen, die mit Wasserstoff betrieben werden, geht die Kommission davon aus, dass diese kurzfristig nicht am Markt verfügbar sein werden. Deshalb können die negativen Auswirkungen staatlicher Beihilfen für saubere Luftfahrzeuge durch ihre positiven Auswirkungen aufgewogen werden, wenn sie zur Markteinführung oder beschleunigten Einführung neuer, effizienterer und wesentlich umweltfreundlicherer Luftfahrzeuge beitragen.[118]

115 § 2 Z 3 Bundesgesetz, mit dem eine Abgabe auf die Lieferung und den Verbrauch elektrischer Energie eingeführt wird (Elektrizitätsabgabegesetz), BGBl 1996/201 iVm Energieabgaben-Richtlinien 2011 (Punkt 1.2.3.1).

116 Vgl Art 36a und Art 4 Verordnung (EU) 651/2014 der Kommission vom 17. Juni 2014 zur Feststellung der Vereinbarkeit bestimmter Gruppen von Beihilfen mit dem Binnenmarkt in Anwendung der Artikel 107 und 108 des Vertrags über die Arbeitsweise der Europäischen Union, ABl L 2014/187, 1.

117 Mitteilung der Kommission, Leitlinien für staatliche Klima-, Umweltschutz- und Energiebeihilfen 2022, ABl C 2022/80, 1 (15, Rz 36).

118 Mitteilung der Kommission, Leitlinien für staatliche Klima-, Umweltschutz- und Energiebeihilfen 2022, ABl C 2022/80, 1 (46, Rz 186).

VIII. Fazit

Der Weg zu einer wasserstoffgestützten Mobilität in Massenanwendung ist noch sehr weit. Bisher gibt es große Visionen und nur vereinzelt erste Projekte. Man sollte sich darüber im Klaren sein, dass es um eine Technologie geht, für die noch erheblicher Forschungsbedarf besteht, nicht nur in technischer, sondern auch in ökonomischer und in rechtswissenschaftlicher Hinsicht. Doch bei allem Realismus und Skeptizismus: Wir sollten uns von der Größe der Herausforderung nicht abschrecken lassen. Alle erfolgreichen Vorhaben sind einmal begonnen worden.

Rechtliche Rahmenbedingungen der Digitalisierung im Straßenverkehr – Die Einführung intelligenter Verkehrssysteme

Filip Boban

Literaturverzeichnis

Al Sabouniet et al, Status quo, Hindernisse und Treiber für multimodale Verkehrsmanagement Ökosysteme in Europa, KlimR 2022, 248; *Bauder*, Mobilität 4.0 im Tourismus – Entwicklungen, Wirkungen und Herausforderungen aus Destinationsperspektive, ZfTW 2020, 38; *Böhm*, Zugang zu verkehrsrelevanten Daten und Diensten in Österreich, ZVR 2015, 485; *Frankl-Templ/Templ*, Schöne neue Logistik-Welt – die Digitalisierung einer Branche, ZVR 2018, 445; *Grubmann*, StVO[4] (2021) § 5 IVS-G; *Gstöttner/Lachmayer*, Digitalisierung des Straßenverkehrsrechts im Zusammenhang mit automatisiertem Fahren, ZVR 2021, 478; *Grundtner*, Die Österreichische Straßenverkehrsordnung (43. Lfg Dezember 2019) § 44 Abs 1a StVO; *Hauenschild/Lachmayer*, Neue rechtliche Herausforderungen durch Verkehrstelematik, ZVR 2005, 148; *Hoffer*, Verkehrstelematik und Straßenverkehrsrecht, ZVR 2008, 67; *Hoffer*, Straßenverkehrsrecht, in Bauer (Hrsg), Handbuch Verkehrsrecht (2009) 159; *Hoffer*, Die 29. StVO-Novelle, ÖAMTC-FI 2018, 1; *Hojesky/Lenz/Wollansky*, Immissionsschutzgesetz – Luft (2012) § 14 IG-L; *Isenhardt* et al, Role and Effects of Industry 4.0 on the Design of Autonomous Mobility, in Frenz (Hrsg), Handbook Industry 4.0 (2022) 579; *Jochum*, Verkehrsdaten für intelligente Verkehrssysteme, ZD 2020, 497; *Kahl/Th. Müller*, Verkehrspolitik, Jahrbuch Europarecht 2010, 429; *Knezevic*, Rechtsrahmen zum autonomen Fahren: Kommunikation zwischen fahrerlosen Fahrzeugen und straßenseitiger Infrastruktur, KlimR 2022, 279; *Kollmeyer*, Delegierte Rechtsetzung in der EU (2015); *Krüger*, Architektur Intelligenter Verkehrssysteme (IVS) (2015); *Lachmayer*, Zukunftsperspektiven der StVO, ZVR 2010, 442; *Muzak*, Aktuelle Entwicklungen in der Verkehrstelematik aus rechtsstaatlicher Perspektive, ZVR 2008, 70; *Nikowitz*, Verordnung für das Testen automatisierter Fahrzeuge: zweite Novellierung, ZVR 2022, 196; *Pfliegl/Keller*, Mobility Governance – Digitalisierung des Verkehrs im Kontext von Industrie 4.0 und der Verantwortung der Gesellschaft zur Nachhaltigkeit der Mobilität, e&i 2015, 374; *Picht*, Towards an Access Regime for Mobility Data, IIC 2020, 940; *Pürstl*, StVO-ON[15.00] (Stand 1.10.2019, rdb.at) §§ 44, 44c StVO; *Rathmanner*, Bitte informiere Dich: Die Bereitstellung von Geo- und Verkehrsdaten, juridikum 2020, 527; *Sackmann*, Datenschutz bei der Digitalisierung der Mobilität (2020); *Schäfer/Kramer*, in Streinz (Hrsg), EUV/AEUV[3] (2018) Art 91 AEUV; *Vergeiner*, Ist die Kundmachung durch Straßenverkehrszeichen (noch) zeitgemäß? ZVR 2005, 340; *Vergeiner*, Kundmachung durch Verkehrszeichen (2009); *M. Wagner*, Das neue Mobilitätsrecht (2021); *Zech*, Digitalisierung – Potential und Grenzen der Analogie zum Analogen, in Eifert (Hrsg), Digitale Disruption und Recht (2020) 28.

https://doi.org/10.33196/9783704691958-107

Inhaltsübersicht

I. Einführung

Mit der Digitalisierung des Straßenverkehrs verspricht man sich eine effizientere, nachhaltigere und sicherere Mobilität.[1] Der Begriff „Digitalisierung" ist im Fluss, da diesem immer weitere Bedeutungen zugeschrieben werden. *Zech* beschreibt die Digitalisierung treffend „als die Einführung digitaler Systeme und damit technischer Informationsverarbeitung in bestimmten Lebensbereichen".[2] Im Straßenverkehr erfolgt die Digitalisierung insbesondere durch die Einführung intelligenter Verkehrssysteme, die nachfolgend den Untersuchungsgegenstand bilden. Des Weiteren wird unter der Digitalisierung auch die „digitale Revolution" verstanden, die den gesellschaftlichen und industriellen Übergang in das Informationszeitalter beschreibt.[3] Im Straßenverkehr zeichnet sich diese Entwicklung durch den Einsatz von Automations-, Informations- und Kommunikations-Technologien aus, die mit dem Kunstwort „Verkehrstelematik"[4] zusammengefasst werden.[5] Schließlich wird die Digitalisierung auch mit der Zukunftsvision Mobilität 4.0 in Ver-

1 Vgl Mitteilung der Kommission über eine Strategie für nachhaltige und intelligente Mobilität, COM(2020) 789 final, Rz 7 und 54; *Sackmann*, Datenschutz bei der Digitalisierung der Mobilität (2020) 21.

2 *Zech*, Digitalisierung – Potential und Grenzen der Analogie zum Analogen, in Eifert (Hrsg), Digitale Disruption und Recht (2020) 28 (29); weitere Definitionen finden sich ua bei *Frankl-Templ/Templ*, Schöne neue Logistik-Welt – die Digitalisierung einer Branche, ZVR 2018, 445 (446) und *Sackmann*, Datenschutz 23.

3 Vgl wirtschaftslexikon.gabler.de/definition/digitalisierung-54195 (abgefragt am 29.11.2022).

4 Zum Begriff der Verkehrstelematik siehe *Krüger*, Architektur Intelligenter Verkehrssysteme (IVS) (2015) 3. Verkehrstelematische Systeme werden auch als intelligente Verkehrssysteme bezeichnet.

5 Vgl *Pfliegl/Keller*, Mobility Governance – Digitalisierung des Verkehrs im Kontext von Industrie 4.0 und der Verantwortung der Gesellschaft zur Nachhaltigkeit der Mobilität, e&i 2015, 374 (375 f).

bindung gebracht[6], die in Anlehnung[7] an den Begriff „Industrie 4.0"[8] als eine umfassend vernetzte und digitalisierte Mobilität beschrieben werden kann.[9] Die Mobilität 4.0 setzt dabei eine „umfassende Datenverfügbarkeit über alle Verkehrsabläufe"[10] voraus.

Die Digitalisierung im Straßenverkehr stellt rechtlich gesehen eine komplexe Materie dar, die viele unterschiedliche Rechtsgebiete berührt.[11] Grob gesprochen ist neben dem „klassischen" Straßen(verkehrs)recht[12] insbesondere auch die Behandlung grund-, datenschutz-, wettbewerbs-, haftungs-, straf- und informationssicherheitsrechtlicher Gesetzesmaterien erforderlich.[13] Die Digitalisierung erfordert aber zumindest teilweise auch einen sektorspezifischen Rechtsrahmen[14], wie er für die Einführung intelligenter Verkehrssysteme umgesetzt wurde. Der vorliegende Beitrag erläutert, welche unionalen Regelungen für die Einführung von intelligenten Verkehrssystemen bestehen und wie sie in das nationale Recht umgesetzt wurden. Anschließend werden intelligente Verkehrssysteme im Lichte der Straßenverkehrsordnung 1960[15] betrachtet.

II. Europäische Union

Der unionale Gesetzgeber regelt die Einführung intelligenter Verkehrssysteme in der gleichnamigen Rahmenrichtlinie 2010/40/EU[16]. Die IVS-RL ist

6 *Sackmann*, Datenschutz 21.
7 Gemäß *Pfliegl/Keller*, e&i 2015, 374 (376) und *Bauder*, Mobilität 4.0 im Tourismus – Entwicklungen, Wirkungen und Herausforderungen aus Destinationsperspektive, ZfTW 2020, 38 (43 f), geht der Begriff „Mobilität 4.0" auf die Industrie 4.0 zurück.
8 *Pfliegl/Keller*, e&i 2015, 374 (376).
9 *Isenhardt* et al, Role and Effects of Industry 4.0 on the Design of Autonomous Mobility, in Frenz (Hrsg), Handbook Industry 4.0 (2022) 579 (583), die den Begriff mit folgenden Worten beschreiben: „The term *Mobility 4.0* can accordingly be used to describe the comprehensive digitization and inherent networking of technical and natural systems to create value concerning the transport of people or goods based on the intelligent merging of information".
10 *Pfliegl/Keller*, e&i 2015, 374 (376).
11 Vgl *Picht*, Towards an Access Regime for Mobility Data, IIC 2020, 940 (941).
12 Gemeint sind die StVO (FN 15), das KFG (FN 143), das Bundesstraßengesetz 1971 (BGBl 1971/286) sowie die Straßengesetze der Länder.
13 Vgl insbesondere die in *M. Wagner*, Das neue Mobilitätsrecht (2021) behandelten Rechtsgebiete; vgl auch *Picht*, IIC 2020, 940 (941).
14 *Picht*, IIC 2020, 940 (975).
15 Straßenverkehrsordnung 1960 BGBl 1960/159; nachfolgend mit StVO abgekürzt.
16 RL 2010/40/EU des Europäischen Parlaments und des Rates vom 7. Juli 2010 zum Rahmen für die Einführung intelligenter Verkehrssysteme im Straßenverkehr und für deren Schnittstellen zu anderen Verkehrsträgern, ABl L 2010/207, 1 idF 2017/340, 1; nachfolgend mit IVS-RL abgekürzt.

etwa gemeinsam mit der VO (EU) 2020/1056[17] über elektronische Frachtbeförderungsinformationen im Bereich des europäischen Mobilitätsdatenraums[18] zu verorten. Die angeführten Rechtsakte sind als sektorspezifische Regelungen vom Anwendungsbereich des rezent erlassenen Daten-Governance-Rechtsakts[19] ausgenommen.[20] Die IVS-RL bleibt zudem auch von der RL 2019/1024/EU[21] über „offene Daten und die Weiterverwendung von Informationen des öffentlichen Sektors" unberührt, da sie mit detaillierteren Vorgaben über das in der RL 2019/1024/EU vorgesehene Mindestmaß der Vereinheitlichung hinausgeht.[22]

Als sektorspezifische Rechtsvorschriften für die Digitalisierung im Straßenverkehr können des Weiteren exemplarisch die RL 2019/520/EU[23] über die Interoperabilität elektronischer Mautsysteme und die VO (EU) 165/2014[24] über Fahrtenschreiber im Straßenverkehr für die Digitalisierung im Straßenverkehr angeführt werden. Außerdem werden mit der durch die INSPIRE-RL[25] geschaffenen Geodateninfrastruktur auch Verkehrsnetze sowie zugehörige Infrastruktureinrichtungen für den Straßenverkehr erfasst.[26] Mit guten Gründen liegt nachfolgend der Fokus auf der IVS-RL, da sie für

---

17 VO (EU) 2020/1056 des Europäischen Parlaments und des Rates vom 15. Juli 2020 über elektronische Frachtbeförderungsinformationen, ABl L 2020/249, 33.

18 Vgl die europäische Datenstrategie, COM(2020) 66 final, 32 ff.

19 VO (EU) 2022/868 des Europäischen Parlaments und des Rates vom 30. Mai 2022 über europäische Daten-Governance und zur Änderung der VO (EU) 2018/1724 (Daten-Governance-Rechtsakt), ABl L 2022/152, 1. Der ab dem 24. September 2023 anzuwendende (vgl Art 38 UAbs 2 leg cit) Daten-Governance-Rechtsakt regelt grob gesprochen die Zugänglichkeit zu bestimmten Datenkategorien öffentlicher Stellen (vgl Art 1 Abs 1 lit a leg cit) sowie den „Anmelde- und Aufsichtsrahmen für die Erbringung von Datenvermittlungsdiensten" (Art 1 Abs 1 lit b leg cit).

20 ErwGr 3 zum Daten-Governance-Rechtsakt; vgl Art 1 Abs 2 lit a Daten-Governance-Rechtsakt.

21 RL 2019/1024/EU des Europäischen Parlaments und des Rates vom 20. Juni 2019 über offene Daten und die Weiterverwendung von Informationen des öffentlichen Sektors, ABl L 2019/172, 56.

22 ErwGr 18 zur RL 2019/1024/EU.

23 RL 2019/520/EU des Europäischen Parlaments und des Rates vom 19. März 2019 über die Interoperabilität elektronischer Mautsysteme und die Erleichterung des grenzüberschreitenden Informationsaustauschs über die Nichtzahlung von Straßenbenutzungsgebühren in der Union, ABl L 2019/91, 45 idF 2022/69, 1.

24 VO (EU) 165/2014 des Europäischen Parlaments und des Rates vom 4. Februar 2014 über Fahrtenschreiber im Straßenverkehr, zur Aufhebung der VO (EWG) 85/3821 des Rates über das Kontrollgerät im Straßenverkehr und zur Änderung der VO (EG) 561/2006 des Europäischen Parlaments und des Rates zur Harmonisierung bestimmter Sozialvorschriften im Straßenverkehr, ABl L 2014/60, 1 idF 2020/249, 1.

25 RL 2007/2/EG des Europäischen Parlaments und des Rates vom 14. März 2007 zur Schaffung einer Geodateninfrastruktur in der Europäischen Gemeinschaft (INSPIRE), ABl L 2007/108, 1 idF 2019/170, 115.

26 Vgl Z 7 des Anhangs 1 zur INSPIRE-RL.

die Digitalisierung im Straßenverkehr von zentraler Bedeutung ist. Zudem liegt ein aktueller Vorschlag für die Änderung der IVS-RL vor, dessen Erläuterung für zukünftige rechtliche Entwicklungen im Bereich der straßenverkehrlichen Digitalisierung aufschlussreich ist.

A. Intelligente Verkehrssysteme-Richtlinie

Die IVS-RL bildet den rechtlichen Rahmen „zur Unterstützung einer koordinierten und kohärenten Einführung und Nutzung intelligenter Verkehrssysteme in der Union“[27]. Die primärrechtliche Rechtsgrundlage stellt Art 91 Abs 1 lit d AEUV dar.[28] Rechtlich gesehen schafft die IVS-RL kein unionsweites intelligentes Verkehrssystem[29], sondern sie gewährleistet die Interoperabilität der intelligenten Verkehrssysteme der Mitgliedstaaten, denen die Entscheidung über eine Einführung in ihrem Hoheitsgebiet überlassen ist.[30] Art 5 Abs 1 IVS-RL verpflichtet die Mitgliedstaaten dazu, die erforderlichen Maßnahmen zu treffen, um sicherzustellen, dass bei der Einführung von intelligenten Verkehrssystemen die von der Kommission angenommenen Spezifikationen angewendet werden. Zum Umfang der Verbindlichkeit hat der EuGH[31] auf die Klage der Tschechischen Republik hin, die Kommission habe ihrer Befugnis in delegierten Verordnungen zur IVS-RL überschritten, indem sie eine verbindliche Einführung von intelligenten Verkehrssystemen in allen Mitgliedstaaten hätte vorschreiben wollen, festgehalten, dass die in den delegierten Verordnungen zur IVS-RL angenommenen Spezifikation nur dann gelten, wenn sich ein Mitgliedstaat zur Einführung der entsprechenden IVS-Anwendungen oder -Diensten entschieden hat.[32]

Intelligente Verkehrssysteme beinhalten keine (künstliche) Intelligenz. Das Adjektiv „intelligent“ weist lediglich darauf hin, dass die Anwendungen durch die Bereitstellung von umfassenderen Informationen den Verkehrsteilnehmern eine „klügere“ Nutzung der Verkehrsnetze ermöglichen soll.[33] Intelligente Verkehrssysteme sind gemäß der Legaldefinition Systeme, „bei denen Informations- und Kommunikationstechnologien im Straßenverkehr, einschließlich seiner Infrastrukturen, Fahrzeuge und Nutzer, sowie beim Verkehrs- und Mobilitätsmanagement und für Schnittstellen zu anderen Verkehrsträgern eingesetzt werden“.[34] Diese Definition lässt denkbar viel

27 Vgl FN 16.
28 *Schäfer/Kramer*, in Streinz (Hrsg), EUV/AEUV[3] (2018) Art 91 AEUV Rz 94.
29 *Jochum*, Verkehrsdaten für intelligente Verkehrssysteme, ZD 2020, 497 (498).
30 Zur Genese vgl *Kahl/Th. Müller*, Verkehrspolitik, Jahrbuch Europarecht 2010, 429 (434).
31 EuGH C-696/15 P, *Tschechische Republik/Kommission*, ECLI:EU:C:2017:595.
32 EuGH C-696/15 P, *Tschechische Republik/Kommission*, ECLI:EU:C:2017:595, Rz 34.
33 Vgl ErwGr 3 zur IVS-RL; *Krüger*, Architektur 3.
34 Art 4 Z 1 IVS-RL.

Raum, eine Vielzahl unterschiedlicher Systeme darunter zu subsumieren. Die IVS-RL beschränkt ihren Anwendungsbereich daher auf vier zentrale (vorrangige) Bereiche für die Einführung und Entwicklung von intelligenten Verkehrssystemen, deren Umfang im Anhang 1 zur IVS-RL präzisiert wird. Die zentralen Bereiche sind gemäß Art 2 IVS-RL:

I. Optimale Nutzung von Straßen-, Verkehrs- und Reisedaten,
II. Kontinuität der IVS-Dienste in den Bereichen Verkehrs- und Frachtmanagement,
III. IVS-Anwendungen für die Straßenverkehrssicherheit und
IV. Verbindung zwischen Fahrzeug und Verkehrsinfrastruktur.

Innerhalb der zentralen Bereiche legt die IVS-RL vorrangige Maßnahmen für die Entwicklung und Anwendung von Spezifikationen und Normen für intelligente Verkehrssysteme fest.[35] Die IVS-RL überträgt der Kommission die Befugnis, Spezifikationen in Form delegierter Rechtsakte iSd Art 290 AEUV zu erlassen, wobei eine sogenannte delegierte Verordnung je vorrangiger Maßnahme zu erlassen ist.[36] Als Rahmenrichtlinie legt die IVS-RL die „Ziele, Inhalt, Geltungsbereich und Dauer der Befugnisübertragung“[37] ausdrücklich fest, die jederzeit widerrufen werden kann.[38] Die delegierten Verordnungen sind nach ihrer Erlassung dem Parlament und dem Rat zu übermitteln, die mit der Erhebung von Einwänden deren Inkrafttreten hemmen können. Die Kommission kann, nachdem Spezifikationen für eine vorrangige Maßnahme erlassen wurden, dem Parlament und dem Rat gemäß Art 294 AEUV die Einführung dieser vorrangigen Maßnahme im ordentlichen Gesetzgebungsverfahren vorschlagen.[39]

Inhaltlich ist es dem unionalen Gesetzgeber vorbehalten, wesentliche Aspekte[40] in der Rahmenrichtlinie zu normieren. Die Kommission ist lediglich befugt, die durch IVS-RL vorgezeichneten Aspekte auszuführen. Die Kommission ist an diese im Basisrechtsakt festgelegten Schranken gebunden, wobei der Kommission Ermessen eingeräumt werden kann, „das je nach den Eigenarten des betreffenden Bereichs mehr oder weniger weit sein kann“.[41] Die Vorgaben für die Annahme von Spezifikationen werden dabei in Art 6 IVS-RL normiert: Grundsätzlich sind jene Spezifikationen zu erlassen, „die

35 Art 3 IVS-RL.
36 Art 7 Abs 2 IVS-RL.
37 Art 290 Abs 1 UAbs 1 Satz 1 AEUV; zur Auslegung hinsichtlich der IVS-RL siehe EuGH C-696/15 P, *Tschechische Republik/Kommission*, ECLI:EU:C:2017:595, Rz 47ff.
38 Art 12 Abs 3 IVS-RL.
39 Art 6 Abs 2 UAbs 2 IVS-RL.
40 Dazu ausführlich *Kollmeyer*, Delegierte Rechtsetzung in der EU (2015) 235ff.
41 EuGH C-696/15 P, *Tschechische Republik/Kommission*, ECLI:EU:C:2017:595, Rz 52.

erforderlich sind, um für die vorrangigen Maßnahmen die Kompatibilität, Interoperabilität und Kontinuität der Einführung und des Betriebs von IVS zu gewährleisten".[42] Die Kommission kann funktionale, technische und organisatorische Vorschriften sowie „Vorschriften in Bezug auf Dienste, die die unterschiedliche Güte der Dienste und ihre Inhalte bei IVS-Anwendungen und -Diensten beschreiben"[43], erlassen. Außerdem werden im Anhang 2 zur IVS-RL Grundsätze festgelegt, die die Kommission bei der Annahme der Spezifikationen zu beachten hat. Neben der Erlassung von Spezifikationen mittels delegierter Verordnungen kann die Kommission auch auf die Erlassung von Normen durch die einschlägigen Normungsgremien hinwirken.[44] Schließlich kann die Kommission auch unverbindliche Maßnahmen annehmen, die in den vorrangigen Bereichen eine Zusammenarbeit der Mitgliedstaaten vorsehen.[45]

Für den Fall, dass personenbezogene Daten im Zusammenhang mit der Anwendung von IVS verarbeitet werden, verpflichtet Art 10 IVS-RL die Mitgliedstaaten, die unionalen Vorschriften zum Schutz der Grundrechte und Grundfreiheiten natürlicher Personen einzuhalten. Mit dieser dynamischen Verweisung sind praktisch die Bestimmungen der Datenschutz-Grundverordnung[46] einzuhalten.[47] Solche dynamische Verweisungen auf das unionale Datenschutzrecht werden teilweise in den delegierten Verordnungen wiederholt. Insgesamt betrachtet sind diese dynamischen Verweisungen gewissermaßen redundant[48], da sich die Anwendung des unionalen Datenschutzrechts, wie *Jochum*[49] zutreffend anmerkt, bereits aus dem Primärrecht, insbesondere aus Art 16 AEUV, ergibt.

B. Delegierte Verordnungen zur Intelligente Verkehrssysteme-Richtlinie

Fünf von sechs erlassenen delegierten Verordnungen[50] zur IVS-RL dienen vor allem der Regelung des Zugangs zu bestimmten Verkehrs-, Straßen- und Reisedaten. Einzige Ausnahme ist die delegierte Verordnung zur Bereitstel-

42 Art 6 Abs 1 IVS-RL.
43 Art 6 Abs 4 lit d IVS-RL.
44 Art 8 IVS-RL.
45 Art 9 IVS-RL.
46 VO (EU) 2016/679 des Europäischen Parlaments und des Rates vom 27. April 2016 zum Schutz natürlicher Personen bei der Verarbeitung personenbezogener Daten, zum freien Datenverkehr und zur Aufhebung der RL 95/46/EG (Datenschutz-Grundverordnung), ABl L 2016/119, 1 idF 2021/74, 35.
47 *Jochum*, ZD 2020, 497 (499).
48 ErlRV 1799 BlgNR 24. GP, 5.
49 *Jochum*, ZD 2020, 497 (499).
50 Siehe dazu die unten im Kapitel „Bereitstellung und Erhebung von Reise-, Straßen- und Verkehrsdaten" zitierten Rechtsvorschriften.

lung des eCall-Dienstes, die im Verbund mit weiteren Rechtsakten einen paneuropäischer IVS-Dienst einführt.[51] In diesem Zusammenhang sei angemerkt, dass die Kommission bislang zur Maßnahme „Bereitstellung von Reservierungsdiensten für sichere Parkplätze für Lastkraftwagen und andere gewerbliche Fahrzeuge“[52] keine entsprechende delegierte Verordnung erlassen hat.[53] Mangels erlassener Spezifikationen sind in diesem Fall die Mitgliedstaaten allgemein zur Zusammenarbeit angehalten.[54]

1. Bereitstellung und Erhebung von Reise-, Straßen- und Verkehrsdaten

Die eminente Bedeutung der Datenverfügbarkeit wird deutlich, wenn man sich die grundlegende Funktionsweise intelligenter Verkehrssysteme vor Augen hält. Zunächst werden verkehrsrelevante Daten erhoben, die dann verarbeitet und etwa durch eine Fehlerwertkorrektur, Glättung oder Fusionierung mit anderen Datenquellen „veredelt“ werden. Anschließend werden die Daten „intelligent“ interpretiert und die Ergebnisse an die Verkehrsteilnehmer oder zuständigen Stellen übermittelt.[55] Im Ergebnis ist jeder Prozessschritt mit einer Datenverarbeitung verbunden. Es liegt somit auf der Hand, dass ohne entsprechende Datenerhebung die Einführung intelligenter Verkehrssysteme regelmäßig nicht möglich wäre. Zudem ist es teilweise erforderlich, dass die erhobenen Daten auch anderen Nutzern bereitgestellt werden.

Eine konkrete Verpflichtung, Daten zu erheben, findet sich in der delegierten VO (EU) 885/2013[56], die Spezifikationen „in Bezug auf die Bereitstellung von Informationsdiensten für sichere Parkplätze für Lastkraftwagen und andere gewerbliche Fahrzeuge“ normiert. Öffentliche und private Parkplatzbetreiber werden verpflichtet, statische Daten über grundlegende Eigenschaften der Parkplätze sowie dynamische Daten über freie Stellplätze zu erheben und anschließend zur Verfügung zu stellen.[57] Auch die delegierte VO (EU) 886/2013[58] über die „Bereitstellung eines Mindestniveaus all-

51 Vgl ErwGr 12 zum Vorschlag (FN 84 und 85); vgl *Böhm*, Zugang zu verkehrsrelevanten Daten und Diensten in Österreich, ZVR 2015, 485 (485).

52 Art 3 lit f IVS-RL.

53 Vgl Verkehrstelematikbericht 2022 (III-695 BlgNR 27. GP, 20).

54 Art 5 Abs 2 IVS-RL.

55 Zur dargestellten Funktionsweise *Krüger*, Architektur 4.

56 Delegierte VO (EU) 885/2013 der Kommission vom 15. Mai 2013 zur Ergänzung der IVS-RL 2010/40/EU des Europäischen Parlaments und des Rates in Bezug auf die Bereitstellung von Informationsdiensten für sichere Parkplätze für Lastkraftwagen und andere gewerbliche Fahrzeuge, ABl L 2013/247, 1.

57 Art 4 delegierte VO (EU) 885/2013.

58 Delegierte VO (EU) 886/2013 der Kommission vom 15. Mai 2013 zur Ergänzung der RL 2010/40/EU des Europäischen Parlaments und des Rates in Bezug auf Daten und Verfahren für die möglichst unentgeltliche Bereitstellung eines Mindestniveaus allgemeiner für die Straßenverkehrssicherheit relevanter Verkehrsinformationen für die Nutzer, ABl L 2013/247, 6.

gemeiner für die Straßenverkehrssicherheit relevanter Verkehrsinformationen“ verpflichtet insbesondere öffentliche und private Straßenbetreiber zur Erhebung von „einschlägigen für die Straßenverkehrssicherheit relevanten Verkehrsdaten“.[59] Den anderen delegierten Verordnungen zur IVS-RL sind derartige Verpflichtungen aber fremd. In der VO (EU) 2022/670[60], die als jüngste delegierte Verordnung zur IVS-RL die gleichnamige VO (EU) 2015/962[61] mit dem 1. Jänner 2025 ersetzen wird, ist in den Erwägungsgründen[62] ausdrücklich festgehalten, dass die gegenständliche delegierte Verordnung die Beteiligten nicht verpflichtet, Daten zu erheben. Die normierten (Aktualisierungs-)Verpflichtungen gelten nur für jene Daten, die tatsächlich erhoben werden. So sieht auch die delegierte VO (EU) 2017/1926[63] über die „Bereitstellung EU-weiter multimedialer Reiseinformationsdienste“ vor, dass lediglich bereits erhobene und digitalisierte Daten der festgelegten Datenkategorien bereitzustellen sind.[64]

Die Bereitstellung von Verkehrsdaten bedeutet, dass Daten in einem maschinenlesbaren Format diskriminierungsfrei über einen nationalen Zugangspunkt zur Verfügung gestellt werden.[65] Für dynamische Datensätze werden zudem eine zeitnahe Bereitstellung sowie Aktualisierungsverpflichtungen spezifiziert.[66] Die Datenbereitstellung kann regelmäßig gegen Entgelt erfolgen.[67] Die Kommission wirkt aber im Bereich der für die Straßenverkehrssicherheit relevanten Daten auf eine möglichst unentgeltliche Bereitstellung für Endnutzer hin.[68] Im Bereich der delegierten VO (EU) 2022/670 wird für den Fall, dass Straßenverkehrsbehörden oder -betreiber für ihre Auftragserfüllung Daten oder Informationsdienste privater Anbieter nachfragen, die Anwendung der sogenannten „FRAND-Bedingungen (fair, angemessen

59 Art 6 delegierte VO (EU) 886/2013.

60 Delegierte VO (EU) 2022/670 der Kommission vom 2. Februar 2022 zur Ergänzung der RL 2010/40/EU des Europäischen Parlaments und des Rates hinsichtlich der Bereitstellung EU-weiter Echtzeit-Verkehrsinformationsdienste, ABl L 2022/122, 1.

61 Delegierte VO (EU) 2015/962 der Kommission vom 18. Dezember 2014 zur Ergänzung der RL 2010/40/EU des Europäischen Parlaments und des Rates hinsichtlich der Bereitstellung EU-weiter Echtzeit-Verkehrsinformationsdienste, ABl L 2015/157, 21.

62 ErwGr 19 zur delegierten VO (EU) 2022/670.

63 Delegierte VO (EU) 2017/1926 der Kommission vom 31. Mai 2017 zur Ergänzung der RL 2010/40/EU des Europäischen Parlaments und des Rates hinsichtlich der Bereitstellung EU-weiter multimodaler Reiseinformationsdienste, ABl L 2017/272, 1.

64 ErwGr 14 zur delegierten VO (EU) 2017/1926; vgl *Al Sabouniet* et al, Status quo, Hindernisse und Treiber für multimodale Verkehrsmanagement Ökosysteme in Europa, KlimR 2022, 248 (250); vgl zum Dargestellten auch *Jochum*, ZD 2020, 497 (499, 501).

65 Vgl ua Art 7 delegierte VO (EU) 886/2013, Art 4 delegierte VO (EU) 2015/962.

66 Vgl ua Art 5 delegierte VO (EU) 2015/962.

67 Vgl ErwGr 6 zur delegierten VO (EU) 2022/670.

68 Art 8 Abs 2 lit b delegierte VO (EU) 886/2013 iVm Art 2 lit p delegierte VO (EU) 886/2013.

und diskriminierungsfrei)" vorgesehen. Der öffentlichen Hand wird somit ein kosteneffizienter Zugang zu Daten oder Diensten „gegen eine gerechte Vergütung und zu gleichen oder ähnlichen Bedingungen, wie sie für andere Nutzern gelten", eingeräumt.[69]

Die Mitgliedstaaten sind verpflichtet, einen nationalen Zugangspunkt einzurichten[70], der Nutzern als digitale Schnittstelle die entsprechenden Datensätze oder -quellen zur Weiterverwendung zugänglich macht.[71] Ein und derselbe nationale Zugangspunkt kann auch zur Erfüllung verschiedener Pflichten mehrerer delegierter Verordnungen zur IVS-RL herangezogen werden.[72] Schließlich werden die Mitgliedstaaten auch dazu angehalten, die Einhaltung der angenommenen Spezifikationen zu überprüfen.[73] Teilweise ist auch vorgesehen, dass die Einhaltung der Anforderungen von einer unparteiischen, unabhängigen nationalen Stelle vorgenommen wird.[74]

2. Rechtsgrundlage des eCall

Von den bisher erlassenen delegierten Verordnungen sticht die VO (EU) 305/2013[75] über die harmonisierte Bereitstellung eines interoperablen EU-weiten eCall-Dienstes hervor, da das Europäische Parlament und der Rat gemäß Art 294 AEUV die EU-weite Einführung beschlossen hat.[76] Der paneuropäische eCall-Dienst ermöglicht, dass im Falle eines Fahrzeugunfalls das mit einem eCall-Gerät ausgestattete Fahrzeug selbsttätig einen Notruf an die Rufnummer 112 absetzt. Der Notruf wird dabei von im Fahrzeug eingebauten Sensoren automatisch ausgelöst. Anschließend wird der Notrufabfragestelle ein Mindestdatensatz, etwa die Position und Fahrtrichtung des Fahrzeuges, übermittelt und es wird eine Tonverbindung zwischen dem Fahrzeug und der Notrufabfragestelle hergestellt.[77] Durch eCall kann die Rettungskette schneller in Gang gesetzt werden, da die Reaktionszeit der Notdienste verkürzt wird.[78]

Rechtlich gesehen werden die Spezifikationen des eCall-Dienstes durch die delegierte VO (EU) 305/2013 festgelegt. Die Verpflichtung der Mitglied-

69 Vgl zum Dargestellten Art 2 Z 32, Art 6 Abs 5, Art 7 Abs 3 delegierte VO (EU) 2022/670; ErwGr 22 zur delegierten VO (EU) 2022/670.
70 Vgl ua Art 3 delegierte VO (EU) 2022/670, Art 3 delegierte VO (EU) 2017/1926.
71 Zur Legaldefinition vgl ua Art 2 Z 17 delegierte VO (EU) 2022/670.
72 Vgl Art 3 Abs 2 delegierte VO (EU) 2017/1926.
73 Vgl ua Art 12 delegierte VO (EU) 2022/670, Art 9 delegierte VO (EU) 2017/1926.
74 Vgl ua Art 8 delegierte VO (EU) 885/2013, Art 9 delegierte VO (EU) 886/2013.
75 Delegierte VO (EU) 305/2013 der Kommission vom 26. November 2012 zur Ergänzung der RL 2010/40/EU des Europäischen Parlaments und des Rates in Bezug auf die harmonisierte Bereitstellung eines interoperablen EU-weiten eCall-Dienstes, ABl L 2013/91, 1.
76 Vgl ErwGr 4 zum Beschluss (FN 79).
77 Vgl zum Dargestellten die Legaldefinition des Art 3 Z 2 VO (EU) 2015/758.
78 ErwGr 6 zur delegierten VO (EU) 305/2013.

staaten zur Nachrüstung der Notrufabfragestellen mit der erforderlichen Infrastruktur zur Annahme und Bearbeitung der eCall-Notrufe ergibt sich aus dem Beschluss 2014/585/EU[79]. Fahrzeugseitig wird die erforderliche eCall-Ausstattung mit der VO (EU) 2015/758[80] vorgeschrieben. Seit 31. März 2018 besteht die Pflicht, neue Fahrzeugtypen der Klassen M_1 und N_1 mit auf dem 112-Notruf basierenden bordeigenen eCall-Systemen auszurüsten. Motorräder sind beispielsweise nicht erfasst. Der Datenschutz und der Schutz der Privatsphäre werden bei den eCall-Diensten insofern gewährleistet, dass die Fahrzeuge im Normalbetrieb nicht verfolgbar sind. Der bei der Absetzung des Notrufs übermittelte Mindestdatensatz enthält nur jene Informationen, die für eine zweckmäßige Bearbeitung des Notrufs erforderlich sind.[81]

C. Vorschlag zur Änderung der Intelligente Verkehrssysteme-Richtlinie

Die IVS-RL wurde seit ihrer Einführung im Jahre 2010 im Wesentlichen nicht novelliert. Einzige Ausnahme ist die Verlängerung und geringfügige Adaptierung der Befugnisübertragung an die Kommission im Jahre 2017.[82] Da eine Evaluierung ergeben hat, dass die Einführung intelligenter Verkehrssysteme hinsichtlich der Einheitlichkeit, Koordination und geografischen Kontinuität „nach wie vor" unzureichend ist, soll der rechtliche Rahmen nachgebessert werden.[83] Dazu wurde ein Vorschlag[84] zur Änderung der IVS-RL erarbeitet, der zuletzt am 2. Juni 2022[85] aktualisiert wurde.

79 Beschluss 2014/585/EU des Europäischen Parlaments und des Rates vom 15. Mai 2014 über die Einführung des interoperablen EU-weiten eCall-Dienstes, ABl L 2014/164, 6.

80 VO (EU) 2015/758 des Europäischen Parlaments und des Rates vom 29. April 2015 über Anforderungen für die Typgenehmigung zur Einführung des auf dem 112-Notruf basierenden bordeigenen eCall-Systems in Fahrzeugen und zur Änderung der RL 2007/46/EG, ABl L 2015/123, 77; siehe auch die delegierte VO (EU) 2017/79 der Kommission vom 12. September 2016 zur Festlegung detaillierter technischer Anforderungen und Prüfverfahren für die EG-Typgenehmigung von Kraftfahrzeugen hinsichtlich ihrer auf dem 112-Notruf basierenden bordeigenen eCall-Systeme, von auf dem 112-Notruf basierenden bordeigenen selbstständigen technischen eCall-Einheiten und Bauteilen und zur Ergänzung und Änderung der VO (EU) 2015/758 des Europäischen Parlaments und des Rates im Hinblick auf die Ausnahmen und die anzuwendenden Normen, ABl L 2017/12, 44.

81 ErwGr 9 zur delegierten VO (EU) 305/2013.

82 RL (EU) 2017/2380 des Europäischen Parlaments und des Rates vom 12. Dezember 2017 zur Änderung der RL 2010/40/EU hinsichtlich des Zeitraums für den Erlass delegierter Rechtsakte, ABl L 2017/340, 1.

83 Vgl ErwGr 6 zum Vorschlag (FN 84 und 85).

84 Vorschlag für eine Richtlinie des Europäischen Parlaments und des Rates zur Änderung der RL 2010/40/EU zum Rahmen für die Einführung intelligenter Verkehrssysteme im Straßenverkehr und für deren Schnittstellen zu anderen Verkehrsträgern, COM(2021) 813 final.

85 Vgl das Dokument 9376/22 im Verfahren 2021/0419/COD (abgefragt am 29.11.2022).

Der Vorschlag sieht vor, dass die grundsätzliche Systematik der Rahmenrichtlinie beibehalten wird. Nach derzeitigem Stand wird die in der Literatur[86] gestellte Forderung, eine systematische Verkehrsdatenerfassung verbindlich vorzusehen, zumindest teilweise Rechnung getragen. Zwar bleibt die Einführung intelligenter Verkehrssysteme weiterhin grundsätzlich den Mitgliedstaaten überlassen. Sie werden aber verpflichtet, bestimmte bereits vorliegende Informationen über den nationalen Zugangspunkt bereitzustellen.[87] Außerdem wird vorgeschlagen, dass die Mitgliedstaaten auch zur Bereitstellung von IVS-Diensten verpflichtet werden können. Gemäß letztem Stand ist davon lediglich ein „Dienst zur Bereitstellung eines Mindestniveaus allgemeiner für die Straßenverkehrssicherheit relevanter Verkehrsmeldungen" erfasst. Die Kommission soll aber ermächtigt werden, die angeführten Verpflichtungen auf weitere Datenarten und IVS-Dienste auszudehnen.[88] Flankiert werden diese Maßnahmen durch erweiterte Berichterstattungspflichten der Mitgliedstaaten an die Kommission sowie der Kommission an das Parlament und den Rat.[89]

Inhaltlich beinhaltet der Vorschlag im Wesentlichen eine Neubenennung und Erweiterung der vorrangigen Bereiche.[90] Nunmehr sollen

I. IVS-Informations- und Mobilitätsdienste,
II. IVS-Dienste für Reisen, Verkehr und Verkehrsmanagement,
III. IVS-Dienste für die Straßenverkehrssicherheit und
IV. IVS-Dienste für kooperative, vernetzte und automatisierte Mobilität[91]

prioritär behandelt werden. Durch diese Neufestlegung wird die Erarbeitung weiterer Spezifikationen in Form delegierter Verordnungen erforderlich.[92] Hervorzuheben ist der zuletzt angeführte vorrangige Bereich, der eine Reglementierung sogenannter kooperativer intelligenter Verkehrssysteme (C-ITS) enthält. C-ITS ermöglichen Kraftfahrzeugen, dass sie „untereinander und mit straßengebundener Infrastruktur einschließlich Lichtsignalanlagen"[93] kommunizieren können. Den Nutzern des C-ITS sollen Interaktions- und Abstimmungsmöglichkeiten durch einen Austausch gesicherter und vertrauenswürdiger Nachrichten ermöglicht werden, ohne dass sie sich bereits kennen.[94] Damit sind C-ITS eine wichtige Grundlage für hochauto-

86 *Jochum*, ZD 2020, 497 (501).
87 Art 6a Abs 1 und Anhang 3 zum Vorschlag (FN 84 und 85).
88 Art 7 des Vorschlags (FN 84 und 85).
89 Vgl 17 des Vorschlags (FN 84 und 85).
90 Vgl Verkehrstelematikbericht 2022 (III-695 BlgNR 27. GP, 8).
91 Vgl Art 2 und Anhang 1 zum Vorschlag (FN 84 und 85).
92 ErwGr 8 zum Vorschlag (FN 84 und 85). Bemerkenswert ist, dass der Vorschlag keine Neufestlegung der vorrangigen Maßnahmen iSd Art 3 IVS-RL vorsieht.
93 ErwGr 11 zum Vorschlag (FN 84 und 85).
94 Art 4 Z 20 des Vorschlags (FN 84 und 85).

matisierte Fahrzeuge.[95] Es liegt auf der Hand, dass die „Authentizität und Integrität von C-ITS-Nachrichten“ mit für die Verkehrssicherheit relevanten Informationen in C-ITS gewährleistet sein muss.[96] Der gegenständliche Vorschlag sieht dafür die Schaffung eines Vertrauensmodells auf der Basis einer Public-Key-Infrastruktur vor, deren wesentlichen Aufgaben zentral besorgt werden sollen.[97] Die Kommission soll mittels delegierter Verordnungen sicherstellen, dass die dazu erforderlichen Funktionen wahrgenommen werden.[98]

III. Österreich

A. Intelligente Verkehrssysteme-Gesetz

Innerstaatlich wird die IVS-RL durch das Intelligente Verkehrssysteme-Gesetz[99] umgesetzt, das mit 31. März 2013 in Kraft getreten ist. Gemäß den Materialien[100] sind ausschließlich Gesetzgebungskompetenzen des Bundes einschlägig. Der Bundesgesetzgeber lehnt sich teilweise eng an den Wortlaut der IVS-RL an. So entsprechen die §§ 2, 3 (mit Ausnahme des Abs 2) und 4 IVS-Gesetz weitestgehend den Bestimmungen der IVS-RL. § 5 leg cit enthält eine Verordnungsermächtigung der Bundesministerin für Verkehr, Innovation und Technologie[101], die von der Kommission in den delegierten Verordnungen zur IVS-RL angenommenen Spezifikationen verbindlich zu erklären. Gleiches gilt auch für die vom Rat und Parlament im Gesetzgebungsverfahren angenommenen Spezifikationen. Die Verordnungsermächtigung ist als „Kann-Bestimmung“ konzipiert, falls gegebenenfalls für die Einführung intelligenter Verkehrssysteme auch Gesetzesänderungen erforderlich sind.[102] Soweit aus dem Rechtsinformationssystem (RIS) des Bundes ersichtlich, wurde bislang keine entsprechende Verordnung erlassen.

Zur Erfüllung der durch die IVS-RL vorgegebenen Anforderungen wird die AustriaTech, eine GmbH des Bundes für technologiepolitische Maßnahmen[103] mit der Aufgabe einer Schlichtungsstelle im Bereich der IVS-Dienste und -Anwendungen betraut.[104] Außerdem betreibt die AustriaTech auch den

95 ErwGr 14 zum Vorschlag (FN 84 und 85).
96 ErwGr 11 zum Vorschlag (FN 84 und 85).
97 ErwGr 11 zum Vorschlag (FN 84 und 85).
98 Art 10a des Vorschlags (FN 84 und 85).
99 IVS-Gesetz BGBl I 2013/38.
100 RV 1799 BlgNR 24. GP, 3.
101 Nunmehr die Bundesministerin für Klimaschutz, Umwelt, Energie, Mobilität, Innovation und Technologie (vgl *Grubmann*, StVO[4] [2021] § 5 IVS-G Rz 1).
102 RV 1799 BlgNR 24. GP, 4.
103 Vgl § 2 Z 16 IVS-G.
104 § 11 Abs 1 Z 3 IVS-G.

unionsrechtlich vorgesehenen österreichischen nationalen Zugangspunkt (mobilitaetsdaten.gv.at), der der Bereitstellung von Daten für intelligente Verkehrssysteme in Form eines Kataloges dient.[105] Im Zugangspunkt werden daher lediglich die verfügbaren Datensätze angeführt und die Zugangskonditionen beschrieben, sodass der rechtsgeschäftliche Datenaustausch unabhängig vom nationalen Zugangspunkt erfolgt.[106] An dieser Stelle sei noch darauf hingewiesen, dass mit dem Projekt EIVS (evis.gv.at) ein One-Stop-Shop für Echtzeit-Verkehrsinformationen geschaffen wurde[107]; bislang ist aber keine Verrechtlichung erfolgt.

Des Weiteren werden im IVS-Gesetz auch vor der Erlassung der IVS-RL bestehende verkehrstelematische Anwendungen und Projekte berücksichtigt.[108] Hervorzuheben ist die Graphenintegrationsplattform (GIP), die nunmehr auf einer Vereinbarung[109] gemäß Art 15a Abs 1 B-VG aus dem Jahre 2016 beruht. Die GIP ist ein österreichweit einheitliches Referenzsystem für Verkehrsinformation, -management und -steuerung.[110] Da neben der Verwaltung auch Dritte freien Zugang zu den erhobenen Daten haben, vereint die GIP sowohl Elemente des E-Government als auch des Open Government Data.[111] Plattformbetreiber ist das Österreichisches Institut für Verkehrsdateninfrastruktur. Im IVS-G wird eine Verordnungsermächtigung normiert, dass durch Verordnung Bedingungen für die Verwendung von Daten aus der GIP durch IVS-Diensteanbieter festgelegt werden dürfen.[112] Insbesondere können IVS-Diensteanbieter verpflichtet werden, von ihnen angebotene Dienste dem Betreiber der GIP unentgeltlich zur Verfügung zu stellen. Damit soll vermieden werden, dass zuvor unentgeltlich erworbene Datensätze der GIP, für die Auftragserfüllung teuer zurückgekauft werden müssen.[113]

B. Straßenverkehrsordnung 1960

Intelligente Verkehrssysteme beeinflussen den Verkehr durch die Bereitstellung aufgearbeiteter Informationen. Die bisherigen Ausführungen zeigen,

105 Vgl austriatech.at/de/mobilitaetsdaten/ (abgefragt am 29.11.2022).
106 *Böhm*, ZVR 2015, 485 (489).
107 Vgl *Rathmanner*, Bitte informiere Dich: Die Bereitstellung von Geo- und Verkehrsdaten, juridikum 2020, 527 (532).
108 Vgl § 3 Abs 2 IVS-G.
109 Vereinbarung gemäß Art 15a B-VG zwischen dem Bund und den Ländern über die Zusammenarbeit im Bereich der Verkehrsdateninfrastruktur durch die Österreichische Graphenintegrationsplattform GIP BGBl II 2016/4; nachfolgend mit GIP-Vereinbarung abgekürzt.
110 Art 1 Abs 1 GIP-Vereinbarung.
111 Vgl gip.gv.at/assets/downloads/10JahreGip.pdf (abgefragt am 29.11.2022).
112 § 6 IVS-G.
113 RV 1799 BlgNR 24. GP, 5.

dass das IVS-G einen groben rechtlichen Rahmen für eine „koordinierte und kohärente" Einführung intelligenter Verkehrssysteme vorgibt. Die straßenpolizeiliche Regelung des Verkehrs bleibt aber von den EU-Regelungen (weitgehend) unberührt.[114] In Österreich erfolgt die Regelung des Straßenverkehrs bekanntlich durch die StVO mit dem Ziel, die Sicherheit, Leichtigkeit und Flüssigkeit des Verkehrs zu gewährleisten.[115] Die StVO sieht den Einsatz von Automations-, Informations-, und Kommunikations-Technologien in verschiedenen Anwendungen vor, die nachfolgend grob eingeordnet werden. In der Literatur[116] werden solche Regelungen unter dem Stichwort „Verkehrstelematik" behandelt.

Die StVO ermöglicht den Einsatz der Verkehrstelematik einerseits zur *Regelung und Sicherung des Verkehrs* gemäß dem vierten Abschnitt des Bundesgesetzes. Andererseits kommt die Verkehrstelematik auch bei der Verkehrsüberwachung zum Einsatz, wobei die einschlägigen Rechtsvorschriften im 13. Abschnitt der StVO zusammengefasst sind. Der Gesetzgeber hat bereits Ende der 1980er-Jahre in der StVO die Rechtsgrundlage für die Einführung digitaler (Wechsel-)Straßenverkehrszeichen[117], wie sie etwa auf Autobahnen installiert sind, geschaffen.[118] Anfang der Zweitausender hat der Gesetzgeber[119] dann die rechtlichen Voraussetzungen für sogenannte **Verkehrsbeeinflussungssysteme** normiert, die selbsttätig den Verkehr je nach programmierter Verkehrssituation regeln.[120] Damit wurde in der StVO die Ära der Verkehrstelematik eingeläutet. Die StVO sieht als Regelfall vor, Verordnungen iSd § 43 leg cit durch Straßenverkehrszeichen oder Bodenmarkierungen kundzumachen.[121] Einen Sonderfall stellt § 44 Abs 1a leg cit dar, der die Kundmachung mittels Verkehrsbeeinflussungssystems regelt: Für den Fall zeitlich nicht vorherbestimmbarer Verkehrsbedingungen, wie etwa Regen, Schneefall oder besondere Verkehrsdichte, können Verkehrsverbote, Verkehrsbeschränkungen oder Verkehrserleichterungen selbsttätig durch ein Verkehrsbeeinflussungssystem kundgemacht werden.[122] Freilich erfolgt

114 Vgl *Lachmayer*, Zukunftsperspektiven der StVO, ZVR 2010, 442 (446).

115 Vgl ua die §§ 23 Abs 3a, 29 Abs 3, 35 StVO.

116 Vgl *Hauenschild/Lachmayer*, Neue rechtliche Herausforderungen durch Verkehrstelematik, ZVR 2005, 148; *Vergeiner*, Ist die Kundmachung durch Straßenverkehrszeichen (noch) zeitgemäß? ZVR 2005, 340; *Hoffer*, Verkehrstelematik und Straßenverkehrsrecht, ZVR 2008, 67; *Muzak*, Aktuelle Entwicklungen in der Verkehrstelematik aus rechtsstaatlicher Perspektive, ZVR 2008, 70; *Hoffer*, Straßenverkehrsrecht, in Bauer (Hrsg), Handbuch Verkehrsrecht (2009) 159 (182ff).

117 Vgl § 48 Abs 1a StVO.

118 BGBl 1989/86.

119 BGBl I 2004/94; vgl auch BGBl I 2005/99.

120 Vgl §§ 44 Abs 1a, 44c StVO.

121 § 44 Abs 1 StVO.

122 *Grundtner*, Die Österreichische Straßenverkehrsordnung (43. Lfg Dezember 2019) § 44 Abs 1a StVO, weist darauf hin, dass § 44 Abs 1a StVO „für den Fall der Auf-

die Kundmachung in so einem Fall „mit den dafür vorgesehenen Straßenverkehrszeichen“[123] mit der Maßgabe, dass das System diese abhängig von der Verkehrssituation selbsttätig nach vorgegebenen Programmen schaltet.[124] Anstelle eines Aktenvermerks werden Inhalt, Zeitpunkt und Dauer der Anzeige durch das System aufgezeichnet. Mit der Einführung des § 44c leg cit[125] wurde die rechtliche Grundlage geschaffen, dass Verkehrsregelungen verordnet werden können, „ohne aber den zeitlichen und örtlichen Geltungsbereich bereits in der Verordnung festlegen zu müssen“.[126] Damit können Verkehrsbeeinflussungssysteme auch bei unvorhersehbaren Verkehrs- oder Fahrbahnverhältnisse zum Einsatz kommen, wie zB bei Verkehrsunfällen.[127]

Mit guten Gründen ist in diesem Zusammenhang auch auf verkehrstelematische Anwendungen im **Immissionsschutzgesetz – Luft**[128] einzugehen. Während die StVO Verkehrsbeeinflussungsanlagen zur Sicherheit, Leichtigkeit und Flüssigkeit des Verkehrs regelt, können bekanntlich auch aus Gründen der Luftreinhaltung auf Grundlage des IG-L verkehrsbeschränkende Maßnahmen erlassen werden. Das IG-L sieht vor, dass zur Anordnung von Geschwindigkeitsbeschränkungen „flexible Systeme, wie immissionsabhängige Verkehrsbeeinflussungsanlagen“, zum Einsatz kommen können.[129] Unter solchen Verkehrsbeeinflussungsanlagen sind Verkehrsbeeinflussungssysteme iSd StVO zu verstehen.[130] Die Verkehrsbeeinflussungsanlagen legen automatisch, wenn die festgelegten Grenzwerte der Immissionen erreicht werden, eine niedrigere Höchstgeschwindigkeit fest.[131] Die Kundmachung erfolgt gemäß § 14 Abs 6 IG-L iVm § 44 Abs 1a StVO. Außerdem können aufgrund der Verordnungsermächtigung des § 14 Abs 6a IG-L flexible Geschwindigkeitsbeschränkungen im hochrangigen Straßennetz bereits dann erlassen werden, wenn die Überschreitung von Immissionsgrenzwerten erwartet wird. Dafür können bestehende Verkehrsbeeinflussungssysteme iSd § 44 Abs 1a StVO adaptiert oder solche errichtet werden.[132] Die Kundmachung erfolgt dabei nach den oben dargestellten Regeln der StVO (§ 44

---

stellung einer Section-Control-Anlage“ geschaffen wurde, sodass „unterschiedliche Höchstgeschwindigkeiten für nasse und trockene Fahrbahnen festgelegt werden“ können.

123 *Pürstl*, StVO-ON[15.00] § 44 StVO Rz 6b (Stand 1.10.2019, rdb.at).

124 AB 582 BlgNR 22. GP, 1.

125 BGBl I 2005/99.

126 AB 1005 BlgNR 22. GP, 1.

127 *Pürstl*, StVO-ON[15.00] § 44c Rz 2 (Stand 1.10.2019, rdb.at).

128 Immissionsschutzgesetz – Luft BGBl I 1997/115; nachfolgend mit IG-L abgekürzt.

129 § 14 Abs 1 letzter Satz IG-L.

130 *Muzak*, ZVR 2008, 70 (71).

131 *Muzak*, ZVR 2008, 70 (71).

132 § 14 Abs 6a IG-L regelt zudem die Aufteilung der Errichtungs- oder Adaptierungs- und Betriebskosten der Verkehrsbeeinflussungsanlagen zwischen Bund und Länder.

Abs 1a leg cit).[133] Nähere Regeln über den Einsatz flexibler Verkehrsbeeinflussungssysteme enthält die IG-L-VBA-Verordnung[134].

Mit der 29. StVO-Novelle[135] wurde außerdem die rechtliche Möglichkeit einer temporären **Pannenstreifenfreigabe** auf bestimmten Autobahnstrecken geschaffen. Die Behörde hat dazu durch Verordnung „geeignete Autobahnstrecken festzulegen, auf denen das zeitweilige Befahren des Pannenstreifens erlaubt werden darf" (§ 43 Abs 3 lit d leg cit). Die konkrete Freigabe des Pannenstreifens erfolgt durch ein Organ des Straßenerhalters mittels einer Fahrstreifensignalisierung iSd § 38 Abs 10 leg cit. Zusätzlich wird mit dem Hinweiszeichen iSd § 53 Abs 1 Z 23d leg cit auf die Pannenstreifenfreigabe aufmerksam gemacht. Das „System" hat dabei Zeitpunkt und Dauer der Freigabe selbsttätig aufzeichnen. Die Prüfung, ob die Voraussetzung zur Freigabe vorliegen, und die anschließende Schaltung erfolgen durch ein „letztverantwortliches" Organ des Straßenerhalters.[136] Bei der Pannenstreifenfreigabe handelt es sich um einen Anwendungsfall der Verkehrstelematik, da die Prüfung der Voraussetzungen ein dem Stand der Technik entsprechendes Überwachungssystem[137] voraussetzt und ein „System" iSv fernsteuerbaren „Wechselverkehrszeichen" erforderlich ist.[138] Außerdem entspricht die Ermächtigung von Organen des Straßenerhalters einer telematischen Verkehrsorganisation.[139]

Des Weiteren ermöglicht § 36 Abs 3 leg cit, dass **Lichtzeichen** auch automatisch ausgelöst werden können, wobei die Bedürfnisse von Fußgängern sowie die auf der entsprechenden Straßenstelle bestehenden Verkehrsverhältnisse zu berücksichtigen sind. Somit wird auch bei der Ampelschaltung der Einsatz der Verkehrstelematik eröffnet.

Mit guten Gründen sind Einrichtungen, die für die verkehrstelematischen Anwendungen des vierten Abschnitts der StVO erforderlich sind, auch als solche zur Regelung und Sicherung des Verkehrs iSd § 31 Abs 1 leg cit anzusehen. Der Straßenerhalter ist gemäß § 32 Abs 1 leg cit grundsätzlich verpflichtet, Einrichtungen zur Regelung und Sicherung des Verkehrs auf seine **Kosten** anzubringen und zu erhalten. Er darf diese Einrichtungen grundsätzlich auch ohne behördlichen Auftrag anbringen.[140] Dies gilt nicht für

133 § 14 Abs 6b und Abs 6c IG-L entsprechen dem § 44c Abs 2 und Abs 3 StVO; vgl *Hojesky/Lenz/Wollansky*, Immissionsschutzgesetz – Luft (2012) § 14 IG-L Rz 87.

134 Verordnung der Bundesministerin für Klimaschutz, Umwelt, Energie, Mobilität, Innovation und Technologie über die Festlegung allgemeiner Kriterien für Verkehrsbeeinflussungssysteme gemäß dem Immissionsschutzgesetz – Luft (IG-L-VBA-Verordnung), BGBl II 2007/302.

135 BGBl I 2018/42.

136 Vgl 146 BlgNR 26. GP, 21.

137 Siehe dazu § 98f StVO.

138 Vgl *Hoffer*, Die 29. StVO-Novelle, ÖAMTC-FI 2018, 1 (2ff).

139 *Hoffer*, ÖAMTC-FI 2018, 1 (2).

140 § 98 Abs 3 StVO.

die in § 44 Abs 1 leg cit genannten Straßenverkehrszeichen oder, wenn die Behörde aus Gründen der Sicherheit, Leichtigkeit oder Flüssigkeit des Verkehrs die Entfernung der Einrichtung oder die Anbringung an anderer Stelle vorschreibt. Daraus lässt sich ableiten, dass der Straßenerhalter beispielsweise ein Verkehrsbeeinflussungssystem iSd § 44 Abs 1a leg cit auch ohne behördlichen Auftrag errichten kann. Die Schaltung der in § 44 Abs 1 leg cit angeführten Verkehrszeichen erfordert aber freilich eine entsprechende Verordnung.

Ein weiterer Anwendungsfall der Verkehrstelematik ist die automationsunterstützte **Verkehrsüberwachung** mittels bildverarbeitender technischer Einrichtungen. Den rechtlichen Rahmen bildet dafür der 13. Abschnitt der StVO. § 98a leg cit normiert den Einsatz abschnittsbezogener Geschwindigkeitsüberwachung, die allgemein auch als „Section-Control" bezeichnet wird. Auf durch Verordnung festgelegten Wegstrecken[141] werden mittels technischer Einrichtungen Übertretungen der zulässigen Höchstgeschwindigkeit geahndet, indem die Durchschnittsgeschwindigkeit der Fahrzeuge gemessen wird. Da der Einsatz von Section-Control die Verarbeitung personenbezogener Daten erfordert, regelt § 98a Abs 2 und Abs 3 leg cit die Zulässigkeit der Datenverarbeitung. Weitere telematische Anwendungsfälle des 13. Abschnitts sind automationsunterstützte punktuelle Geschwindigkeitsmessungen („Radaranlagen"), Abstandsmessungen sowie die Überwachung der Beachtung von Lichtzeichen.[142] Mit den verkehrstelematischen Anwendungen des 13. StVO-Abschnitts können auch bestimmte Übertretungen nach dem Kraftfahrgesetz 1976[143] geahndet werden: Automationsunterstützt ermittelte Geschwindigkeitsdaten können zur Feststellung der Überschreitung kraftfahrrechtlich festgelegter Höchstgeschwindigkeiten verarbeitet werden.[144] Außerdem können Verstöße gegen das sogenannte Handyverbot oder gegen die Gurt- oder Helmpflicht auch dann verfolgt werden, wenn auf Beweisfotos, die aufgrund eines anderen (straßenverkehrsrechtlichen) Delikts aufgenommen wurden, der Verstoß einwandfrei erkennbar ist.[145]

Schließlich ist anzumerken, dass die StVO grundsätzlich technologieoffen formuliert ist. In technischer Hinsicht legt der Gesetzgeber lediglich rudimentäre Anforderungen fest, wie etwa Dokumentationsfunktionen. Die normierten verkehrstelematischen Anwendungen dürfen daher auch mit innovativerer Technik ausgeführt werden. Mit erhöhtem Aufkommen eines

141 Nach RIS-Informationsstand sind derzeit 35 „Section Control-Messstreckenverordnungen" in Kraft (abgefragt am 29.11.2022); vgl ua BGBl II 2022/91; zum Ort der Begehung siehe § 100 Abs 5d StVO.

142 Vgl §§ 98b ff StVO.

143 Kraftfahrgesetz 1967 (BGBl 1967/267); nachfolgend mit KFG abgekürzt.

144 § 134 Abs 3b KFG.

145 § 134 Abs 3c und 3d KFG; vgl ErlRV 359 BlgNR 25. GP, 10.

kooperativen, vernetzten und automatisierten Verkehrs sind zukünftig legistische Anpassungen aber wohl unausweichlich. Bislang richtet sich die StVO im Kraftfahrzeugverkehr an den Lenker, weshalb Verordnungen grundsätzlich mit für den Lenker deutlich erkennbaren[146] Straßenverkehrszeichen kundzumachen sind. Zukünftig werden Kraftfahrzeuge nicht mehr durch eine Person, sondern fahrzeugseitig autonom gesteuert. Da autonome Fahrsysteme zwar viele Vorteile bieten, aber im Vergleich zu menschlichen Fähigkeiten auch sensorische Schwächen aufweisen, ist ein Paradigmenwechsel erforderlich. De lege ferenda müsste daher auch autonome Fahrsysteme von der StVO verstärkt berücksichtigt werden, sodass Verkehrsregelungen etwa auch durch digitale Kommunikation normativ angeordnet werden könnten.[147]

IV. Schlussbemerkung

Rechtlich gesehen ist die Digitalisierung im Straßenverkehr durch die sekundären und tertiären Rechtsakte der EU geprägt. Bei der Einführung intelligenter Verkehrssysteme kommt es aber maßgeblich auf die einzelnen Mitgliedstaaten an, den unionalen Rechtsrahmen auszufüllen.[148] Der rechtliche Rahmen ist insbesondere auf EU-Ebene zersplittert. Da der nationale Gesetzgeber im Bereich des Straßenverkehrs das EU-Recht oftmals nicht in bestehende Gesetze implementiert, sondern in separaten Rechtsakten umsetzt, wird diese Zersplitterung teilweise auch national nachvollzogen.[149]

Inhaltlich werden auf unionaler Ebene insbesondere technische Voraussetzungen für intelligente Verkehrssysteme geregelt und Spezifikationen vereinheitlich. Mit zunehmendem Grad der Digitalisierung des Straßenverkehrs steigt der Druck auf den nationalen Gesetzgeber, etwa auch im Bereich der StVO gesetzliche Anpassungen vorzunehmen. Eine große Herausforderung stellt dabei die Maßgabe dar, den zunehmend „intelligenten“ und den analogen Straßenverkehr in einer Übergangszeit zusammenzuführen.[150] Rechtstechnisch wird dabei zukünftig eine gewisse Zweigleisigkeit der Regelungen unumgänglich sein.

---

146 Vgl §§ 34 Abs 3, 48 StVO; vgl auch die Straßenverkehrszeichenverordnung 1998, BGBl II 1998/238; dazu näher *Vergeiner*, Kundmachung durch Verkehrszeichen (2009) 80 ff.

147 Zum Dargestellten *Knezevic*, Rechtsrahmen zum autonomen Fahren: Kommunikation zwischen fahrerlosen Fahrzeugen und straßenseitiger Infrastruktur, KlimR 2022, 279 (280 f); *Gstöttner/Lachmayer*, Digitalisierung des Straßenverkehrsrechts im Zusammenhang mit automatisiertem Fahren, ZVR 2021, 478 (482), fordern ein eigenständiges (straßenpolizeiliches) Regelwerk für automatisierte Fahrsysteme.

148 Vgl *Jochum*, ZD 2020, 497 (501).

149 Vgl *Lachmayer*, ZVR 2010, 442 (446).

150 Vgl *Nikowitz*, Verordnung für das Testen automatisierter Fahrzeuge: zweite Novellierung, ZVR 2022, 196 (198).

Praxisbericht Öffentlicher Verkehr – Verkehrsverbund Tirol

Alexander Jug

Inhaltsübersicht

I. Zusammenfassung

Nach einer kurzen Vorstellung des Verkehrsverbund Tirol (VVT) legte *Alexander Jug* die aus seiner Sicht bestehenden Erfolgsparameter im ÖPNV dar: Es mache Sinn, wenn Planung, Finanzierung, Bestellung, Pricing, Vertrieb, Kundeninformation und Marketing jeweils einheitlich erfolgen. Dazu sei es notwendig, dass die Verkehrsverbünde vom reinen Regionalbus- und Regionalzug-Verbund hin zu einem Mobilitätsverbund über sich hinauswachsen. Diese Auffassung illustrierte *Jug* an 3 neuen Konzepten des VVT.

Beim „Regioflink" handelt es sich – anknüpfend an die Vorträge von *Christoph Schaaffkamp*, *Arno Kahl* sowie *Arnold Autengruber* – um ein Mikro-ÖV-Angebot. Derzeit noch auf die Marktgemeinde Wattens (Tirol) beschränkt, wird zunächst in der dazugehörigen App der gewünschte Start- und Zielpunkt angegeben. Die Software ermittelt sogleich den nächstgelegenen Haltepunkt, an welchem der Fahrgast zusteigen kann, wobei Fahrtwünsche verschiedener Personen auch gebündelt werden können. Das Zusammenspiel mit dem „klassischen" ÖPNV funktioniere gut, da die App Fahrten verhindert, die bereits vom bestehenden Angebot abgedeckt werden. Zugleich beginnen bzw enden die Mehrzahl der Fahrten am Bahnhof. Hinsichtlich der Tarife, der Betriebszeiten und der Möglichkeiten zur telefonischen Buchung wurden nach den ersten Erfahrungen bereits mehrere Verbesserungsmaßnahmen ergriffen.

Ebenso vorrangig für die erste und letzte Meile gedacht ist das „Regiorad", welches jüngst in zwei Regionen ausgerollt wurde. Dabei handelt es

https://doi.org/10.33196/9783704691958-108

sich um ein Leihradsystem, das auf einer weltweit zum Einsatz kommenden Plattform basiert. Innerhalb Tirols – das heißt inklusive der Stadträder der Innsbrucker Verkehrsbetriebe – wird auf ein einheitliches Tarifsystem gesetzt. Probleme bereitet die eingeschränkte Verfügbarkeit von geeigneten Standorten, weshalb nicht immer eine optimale Verzahnung mit Angeboten des Öffentlichen Verkehrs möglich ist.

Schließlich werden derzeit auch abschließbare Fahrradboxen getestet, die eine sichere Verwahrung von Fahrrädern – insbesondere an Mobilitätsdrehscheiben – ermöglichen sollen.

Herausforderung für die Zukunft bleibt es, die vielen Angebote auf möglichst eine digitale Plattform zusammenführen. So soll es für Fahrgäste möglich sein, österreichweit einheitlich einen niederschwelligen Zugang zu Mobilitätsangeboten zu erhalten.

II. Präsentation

Die gesamte Präsentation zur obenstehenden Zusammenfassung im Original können Sie mit folgendem QR-Code downloaden:

Praxisbericht Öffentlicher Verkehr – Innsbrucker Verkehrsbetriebe und Stubaitalbahn GmbH

Thomas Hillebrand

Inhaltsübersicht

I. Zusammenfassung

Thomas Hillebrand berichtete in seinem Vortrag von den Bemühungen der Innsbrucker Verkehrsbetriebe und Stubaitalbahn GmbH („IVB"), ihre Busflotte zu dekarbonisieren. Die zukünftigen Bestrebungen seien vor allem vor dem Hintergrund des Straßenfahrzeug-Beschaffungsgesetzes („SFBG") zu sehen, das bereits im Vortrag von *Günther Gast* und *Laura Gleinser* eingehend erörtert wurde.

Betrachtet man sowohl die Entwicklung der Bevölkerungszahlen als auch jene des Fahrgastaufkommens, wird deutlich, dass ÖPNV in der Landeshauptstadt Innsbruck im Laufe der letzten Jahre rasant an Beliebtheit gewonnen hat. Trotz eines deutlichen pandemiebedingten Einbruchs stiegen die Fahrgastzahlen von 1993 bis 2021 um 54 %, während die Bevölkerung „nur" um 18 % anwuchs. Ein erster großer Schritt in Richtung Dekarbonisierung gelang, als in den letzten Jahren eine zentrale Buslinie durch zwei Straßenbahnen ersetzt werden konnte. Aus heutiger Sicht beabsichtigen die IVB, ihre Busflotte rollierend durch Fahrzeuge mit sauberen Antrieben zu tauschen.

Auf welche Technologie mittel- bis langfristig gesetzt wird, obliegt prinzipiell der – noch ausstehenden – Entscheidung der politisch verantwortlichen Organe in der Landeshauptstadt Innsbruck. Ausgehend vom heutigen Stand der Technik kommen grundsätzlich vier verschiedene Antriebstechnologien in Betracht, die allesamt Vor- und Nachteile aufweisen. Batteriebetriebene „Depotlader" glänzen mit Flexibilität sowie der Möglichkeit, die Lade-

https://doi.org/10.33196/9783704691958-109

infrastruktur an zentralen Punkten zu bündeln, stoßen jedoch hinsichtlich ihrer Reichweite noch an ihre Grenzen, die sich nur durch mehr Fahrzeuge überwinden lassen. Bei „Gelegenheitsladern“ erfolgt die Wiederaufladung hingegen bspw an Endhaltestellen, was wiederum dezentraler Infrastruktur im öffentlichen Raum bedarf. Ebenso ist auch hier ein erhöhter Fahrzeugbedarf gegeben, zumal die Busse auch bei diesem Konzept während der Ladezeit stillstehen. Über eine ausgereifte Technologie verfügt jedenfalls der „Trolley-Bus“, der zugleich mit höchster Energieeffizienz und unbegrenzter Reichweite aufwarten kann. Geladen wird dieser über Oberleitungen, die in Innsbruck zumindest teilweise wiedererrichtet werden müssten. Durch den damit verbundenen hohen Infrastrukturaufwand ist diese Variante nur für laststarke Linien geeignet. Ein Wasserstoffbus kann zwar eine ähnliche Reichweite wie Dieselbusse auf der Haben-Seite verbuchen, gerät aber aufgrund seiner Kosten, der noch schlechten Verfügbarkeit von grünem Wasserstoff sowie durch seine schlechte Energieeffizienz an seine Grenzen. Die mittelfristige Marktverfügbarkeit hat sich bei nahezu allen Modellen in den letzten Jahren deutlich verbessert. Ausgehend vom gewählten Antriebsmodell sind teilweise weitreichende Anpassungen bei den Betriebshöfen erforderlich.

Im Rahmen eines Pilotprojektes wurden zwischenzeitlich erste Elektrobusse als Depotlader bestellt, die ab 2023 ausgeliefert werden.

II. Präsentation

Die gesamte Präsentation zur obenstehenden Zusammenfassung im Original können Sie mit folgendem QR-Code downloaden:

Mobilitätsmasterplan 2030, „Fit for 55" und Optionen für Förderung und Finanzierung

Hans-Jürgen Salmhofer

Inhaltsübersicht

I. Zusammenfassung

Zu Beginn seines Vortrages wies *Hans-Jürgen Salmhofer* (Bundesministerium für Klimaschutz, Umwelt, Energie, Mobilität, Innovation und Technologie [BMK]) auf den wesentlichen Beitrag des Verkehrs zum Klimawandel hin und knüpfte damit an die Grußworte von Rektor *Tilmann Märk* an.

Die Zielvorgabe, bis 2040 für Österreich Klimaneutralität zu erreichen, wurde im aktuellen Regierungsprogramm formuliert. Darauf aufbauend wurde durch das BMK der Mobilitätsmasterplan 2030 entwickelt, der den Klimaschutz-Rahmen für den Verkehrssektor vorgibt. Dieser enthält mehrere Bausteine, um die Zielvorgaben des Regierungsprogrammes erreichen zu können.

Unter dem Stichwort „Umweltverbund" zählt es zu einem wesentlichen Ziel des Mobilitätsmasterplans, umweltfreundliche Mobilität auszubauen. Erst der Ausbau des Öffentlichen Verkehrs, die Implementierung neuer Services sowie die Verbesserung der Rahmenbedingungen für aktive Mobilität (Fußgänger:innen, Radfahrer:innen) ermöglichen eine Verlagerung weg vom Autoverkehr. Ziel sei es, dass in Zukunft die Mehrzahl der Wege im Umweltverbund möglich sind.

Einen weiteren Baustein bildet die Entkoppelung des BIP-Wachstums vom Güterverkehr. Dies soll über mehr Regionalisierung, eine Stärkung der Kreislaufwirtschaft, vermehrte Digitalisierung sowie durch Umsetzung von Kostenwahrheit in Bezug auf die unterschiedlichen Verkehrsträger erfolgen. Wachsen soll die Güterbeförderung lediglich im Bereich der Eisenbahn.

https://doi.org/10.33196/9783704691958-110

Ein weiteres Ergebnis des Mobilitätsmasterplans 2023 ist es, dass im Straßenverkehr zukünftig elektrische Antriebe vorherrschend sein werden. Die Wahl fällt deswegen auf elektrische Antriebe, da die begrenzte Menge an erneuerbarer Energie zugleich maximale Effizienz erfordert. Dazu ist es erforderlich, dass die dafür notwendige Verkehrsinfrastruktur rechtzeitig verfügbar ist.

Genauso wie der Mobilitätsmasterplan dem Regierungsprogramm entspricht, steht auch das Regierungsprogramm im Einklang mit dem European Green Deal, welcher wiederum einen Beitrag zur Umsetzung des Pariser Klimaabkommens leistet. Global sticht vor allem Europa als „klimapolitischer Treiber" mit ambitionierten Zielen hervor. Der europäische Zielpfad sieht bis 2030 eine Reduktion der Treibhausgasemissionen um mindestens 55 % gegenüber 1990 und Klimaneutralität bis 2050 vor. Diese Ziele sollen durch rechtsverbindliche Instrumente im Legislativpaket „Fit for 55" erreicht werden.

In weiterer Folge berichtete *Salmhofer* über europäische Legislativvorhaben. Neben Anforderungen an die Lade-/Tankinfrastruktur für saubere Antriebe (siehe die Vorträge von *Matthias Zußner* und *Stefan Storr*) befindet sich derzeit auch ein CO_2-Flottenziel für Hersteller von Pkw und leichten Nutzfahrzeugen in der finalen Phase von Trilog-Verhandlungen des Rates mit dem Europäischen Parlament. Bei entsprechender Umsetzung würde es 2035 de facto zu einem Verkaufsende von neuen Benzin- und Dieselautos kommen. Verschärfte CO_2-Flottenziele für Hersteller von schweren Nutzfahrzeugen werden derzeit von der Kommission vorbereitet.

Zum Abschluss wurden noch zwei Förderprogramme zugunsten von Busunternehmen, Verkehrsbetreibern, Energieversorgern (Programm: Emissionsfreie Busse und Infrastruktur – EBIN) bzw zugunsten von Unternehmen, Vereinen oder Gebietskörperschaften (Programm: Emissionsfreie Nutzfahrzeuge und Infrastruktur – ENIN) vorgestellt, die die Kosten der Transformation zu umweltfreundlichen Antriebsarten abfedern sollen.

II. Präsentation

Die gesamte Präsentation zur obenstehenden Zusammenfassung im Original können Sie mit folgendem QR-Code downloaden:

Praxisbericht – Digitalisierung des Verkehrs

Niko Stieldorf

Inhaltsübersicht

I. Zusammenfassung

Niko Stieldorf stellte zu seines Vortrages die Swarco AG und damit die technischen Entwicklungen am Markt überblickshaft vor. Während am Anfang der Unternehmensgeschichte primär reflektierende Glasperlen produziert wurden, zeigen sich heute neue Ansätze der Straßensicherheit und entwickelt sich zusehends die Sparte der Systeme des Intelligenten Verkehrsmanagements. In diese Richtung gehend zählen zum Produktportfolio bspw auch technische Lösungen für den öffentlichen Verkehr, für Elektromobilität oder urbanes Verkehrsmanagement.

Unter der Produktlinie „MyCity" werden Lösungen für urbanes Mobilitätsmanagement gebündelt. *Stieldorf* illustrierte die vielfältigen Anwendungsmöglichkeiten aus einem Praxisbeispiel: Eine europäische Metropole, die ein derartiges Mobilitätsmanagementsystem einsetzt, überwacht durch entsprechende technologische Einrichtungen das aktuelle Aufkommen im Radverkehr. Sobald ein bestimmter Grenzwert überschritten ist, werden automatisiert einzelne Fahrstreifen – durch entsprechende Kenntlichmachung – für den motorisierten Individualverkehr gesperrt und für den Radverkehr freigegeben. Dabei wird das Mobilitätsmanagementsystem entsprechend der inhaltlichen Vorgaben der Stadt automatisiert tätig.

In diesem Kontext kommt es auch immer häufiger vor, dass die Fahrzeuge nicht nur untereinander, sondern auch mit der Infrastruktur kommunizieren. Durch werde es bspw für Fahrzeuge möglich, aufgrund der Daten der Ampelanlagen die ideale Geschwindigkeit zu ermitteln, um eine flüssige Fahrt weitestgehend ohne Stehzeiten an Kreuzungen zu ermöglichen.

https://doi.org/10.33196/9783704691958-111

Die Komplexität derartiger Prozesse, die Vernetzung von unterschiedlichsten Systemen sowie die Datenmenge nehmen stetig zu. Bereits heute, stellt *Stieldorf* fest, hinke der öffentliche Sektor der Privatwirtschaft technologisch hinterher. Hinzu tritt, dass der „Kampf um die besten Talente“ am Arbeitsmarkt gerade auf diesem Sektor besonders hart geführt werde, was auch einen gewissen Wettbewerbsnachteil des öffentlichen Sektors bedeute. Dabei ist es gerade in Zeiten der verstärkten Vernetzung mit immer mehr Zugangspunkten zu einzelnen Systemen erforderlich, rasch auf neu entdeckte Schwachstellen zu reagieren. Daher vertritt der Vortragende die These, dass die Digitalisierung des Verkehrs ein Auslagern der IT-Sicherheit zu privaten Dienstleistern verlange, zumal die öffentliche Hand in der Regel weder über das erforderliche Know-how noch die notwendigen Ressourcen verfüge.

II. Präsentation

Die gesamte Präsentation zur obenstehenden Zusammenfassung im Original können Sie mit folgendem QR-Code downloaden:

Praxisbericht – Auswirkungen der Mobilitätswende auf die Netzinfrastruktur

Thomas Trattler

Inhaltsübersicht

I. Zusammenfassung

Thomas Trattler berichtete in seinem Vortrag über Folgen der Transformation des Mobilitätssektors auf die Elektrizitätsnetze. Es stehe angesichts des Einflusses des Verkehrs auf den Klimawandel sowie der bisher gesteckten Ziele außer Zweifel, dass die Zukunft der emissionsfreien Mobilität gehören wird. Insbesondere Elektromobilität wird für die Mobilitätswende zu einem wesentlichen Baustein.

Bisherige Schätzungen gehen davon aus, dass bei einer vollständigen Umstellung des Pkw-Bestandes auf Elektroantrieb ca 11 TWh Strom pro Jahr (derzeitiger Stromverbrauch Österreichs: 70 TWh) zusätzlich erforderlich sind. Aufgrund von Elektromobilität, Photovoltaikanlagen und Wärmepumpen sind in den nächsten Jahren wesentliche Investitionen in das Verteilernetz dringen notwendig. Erste Schätzungen der TINETZ – Tiroler Netze GmbH gehen davon aus, dass die jährlichen Investitionen in den beiden untersten Netzebenem um mindestens 50 % steigen werden. Dazu sind derzeit Detailstudien in Ausarbeitung.[3]

Als für die Netzinfrastruktur herausfordernd gilt vor allem das ungesteuerte, gleichzeitige Laden mit hoher Ladeleistung. In diesem Fall würde die Netzlast auf das bis zu 6-fache steigen. Dieser Anstieg lässt sich stark abfedern, wenn eine Differenzierung nach dem Anspruch an die Ladedauer erfolgt. Schnelladesäulen mit hoher Ladeleistung sollen vor allem entlang Autobahnen, an Supermarktparkplätzen oder an Parkplätzen von Firmen mit E-Dienstfahrzeugen vorgesehen werden. Da diese Plätze in der Regel

https://doi.org/10.33196/9783704691958-112

relativ zentral gelegen sind, lässt sich die Anbindung dieser „Tankstellen" im Zuge des klassischen Netzausbaus gut bewältigen. Für andere Anwendungsfälle (Heimladung, Ladung des Privat-Pkw am Büro-Parkplatz, Ladung an städtischen Parkplätzen nahe der Wohnung) soll jedoch von Schnelladestationen Abstand genommen werden. Im Durchschnitt verbringen Fahrzeuge über 20 Stunden täglich stehend. Diese hohen Standzeiten (zB während der Arbeitszeit, über Nacht) bieten sich als potentielle Ladezeiten an und kommen mit Ladeleistungen kleiner 11 kW problemlos aus. Die benötigte Energie für die durchschnittliche tägliche Fahrtstrecke von 50 km kann bei einer Ladeleistung von nur 3,7 kW bereits innerhalb von ca 3 Stunden nachgeladen werden.

Wenngleich konventioneller Netzausbau im Zuge der Mobilitätswende unumgänglich ist, soll der Ausbaubedarf aus der Sicht des Netzbetreibers durch diverse Maßnahmen gemindert werden. Denkbar seien etwa neue Netz-Tarifmodelle mit Anreizen für netzfreundliches Laden oder zusätzliche Instrumente in den technischen Regelwerken, wie eine Eingriffsmöglichkeit des Netzbetreibers bei Engpässen im Netz. Dazu wäre auch eine Vernetzung der Ladeinfrastruktur mit dem Netzbetreiber erforderlich.

Abschließend konstatiert *Trattler*, dass die Mobilitätswende in den Verteilernetzen erfolgt. Für eine wirksame Mobilitätswende seien jedoch noch regulatorische Anpassungen erforderlich.

II. Präsentation

Die gesamte Präsentation zur obenstehenden Zusammenfassung im Original können Sie mit folgendem QR-Code downloaden:

Praxisbericht – Zillertalbahn 2020+

Helmut Schreiner

Inhaltsübersicht

I. Zusammenfassung

Aufgrund einer Absage musste dieser Vortrag entfallen. Der Vortragende war jedoch so freundlich, seine Folien für den Tagungsband zur Verfügung zu stellen.

II. Präsentation

Die gesamte Präsentation zur obenstehenden Zusammenfassung im Original können Sie mit folgendem QR-Code downloaden:

https://doi.org/10.33196/9783704691958-113

Praxisbericht – Brennstoffzellen-LKW

Ewald Perwög

Inhaltsübersicht

I. Zusammenfassung

Ewald Perwög begann seinen Vortrag mit einem eindringlichen Appell, unseren Planeten zu schützen. Bereits heute legen sich viele Wissenschaftler:innen fest, dass das 1,5-Grad-Ziel kaum mehr zu erreichen sei. Deshalb ist es erforderlich, die Anstrengungen zum Schutz unseres Lebensraums zu intensivieren. Als Baustein der Lösung gab Perwög einen Einblick in die Bestrebungen der MPreis Warenvertriebs GmbH, grünen Wasserstoff in Völs (Tirol) zu produzieren und sowohl in der Lebensmittelproduktion als auch für den Betrieb des Fuhrparks zu nutzen.

In einer ersten Baustufe wurden ein 3,5 Megawatt leistungsstarker Elektrolyseur, der 1.300 kg Wasserstroff pro Tag produzieren kann, errichtet. Bereits in der ersten Baustufe reicht diese Kapazität aus, um die 40 Lkws der Logistikflotte mit einer durchschnittlichen täglichen Fahrtstrecke von jeweils 400 km mittels Wasserstoffantrieb zu versorgen. Für diesen Zweck wurde eine eigene Wasserstoff-Tankstelle errichtet. Zusätzliche Tanks, die am Areal vorgesehen wurden, ermöglichen eine Lagerung von insgesamt 750 kg Wasserstoff. Die Gesamtkapazität der Anlage kann in einer zweiten Baustufe nochmals verdoppelt werden.

Neben der Versorgung des Fuhrparks wurde die hauseigene Bäckerei mit einem Zweistoff-Brenner ausgestattet, sodass die Produktion sowohl mit Gas als auch mit Wasserstoff betrieben werden kann. Durch die Nutzung der Abwärme aus dem Elektrolyse-Prozess und der Verbrennung von Wasserstoff für den Thermalöl-Kreislauf der Bäckerei wird der Wirkungsgrad bei der Wasserstoff-Erzeugung auf ca 90 % erhöht.

https://doi.org/10.33196/9783704691958-114

Bei der Technologiewahl der Fahrzeuge wurde zunächst ein Vergleich mit herkömmlichen Dieselmotoren angestellt. Wasserstoff weist hier ein höheres Drehmoment, einen geringeren Verbrauch in kg/100 km sowie eine höhere Energiedichte auf. Elektrisch betriebene Fahrzeuge weisen zwar einen höheren Wirkungsgrad auf, die Reichweite der Wasserstoff-Lkw übersteigt jene der elektrisch betriebenen Fahrzeuge derzeit jedoch um 70 bis 90 %.

Abschließend unterstrich *Perwög* nochmals die Notwendigkeit eines raschen Umdenkens der Entscheidungsträger zugunsten unseres Planeten.

II. Präsentation

Die gesamte Präsentation zur obenstehenden Zusammenfassung im Original können Sie mit folgendem QR-Code downloaden:

Praxisbericht – E-Scooter

Severin Götsch

Inhaltsübersicht

I. Zusammenfassung

Zum Abschluss der Tagung referierte *Severin Götsch* über das Leih-E-Scooter-Angebot der TIER Mobility Austria GmbH in Innsbruck. Nach einer kurzen Vorstellung des Unternehmens erfolgte eine anschauliche Vorführung der Kundenapp, die die instruktive Nutzung derartiger Mobilitätsangebote belegte.

Innerhalb der App werden auf einer Landkarte die derzeit verfügbaren E-Scooter angezeigt. Wird einer der Roller ausgewählt, sind auf einen Blick der Preis einer Fahrt sowie die verfügbare Reichweiter des jeweiligen E-Scooters ersichtlich. Ebenso ist es möglich ein Fahrzeug für kurze Zeit zu reservieren. Beginn und Ende einer Fahrt werden ebenso über die die Smartphone-App angegeben.

Softwareseitig sei es möglich, Zonen zu definieren, in denen Parken verboten ist und/oder in denen die Geschwindigkeit der E-Scooter deutlich reduziert wird. Ebenso können auch ausschließlich zu nutzende Parkzonen bestimmt werden. Dadurch wird es möglich, die Einhaltung etwaiger Vereinbarungen (zB in Hinblick auf die Vermeidung von „Wildparkern") mit der lokalen Gebietskörperschaft durch entsprechende technische Vorkehrungen sicherzustellen.

Die Fahrzeuge selbst verfügen über Schnellwechsel-Akkus, sodass die Ladung der Fahrzeuge durch Tausch der Akkus möglich sei, ohne alle Fahrzeuge täglich einzusammeln. Auch die Reparatur der Fahrzeuge erfolgt durch den Anbieter selbst am jeweiligen Stützpunkt.

Die Auswertungen des Nutzerverhaltens zeigen bisher für jedes Jahr ein starkes Wachstum. Im Jahr 2022 wurden (bis Ende September) alleine

https://doi.org/10.33196/9783704691958-115

in Innsbruck fast 215.000 Fahrten zurückgelegt. Die durchschnittliche Fahrzeit beträgt 9,5 Minuten, die durchschnittliche Fahrtstrecke 1,73 km. Seit Start des Angebots im Jahre 2019 wurden bereits im Ausmaß von über 1 000 000 km Fahrten getätigt. Die Übersicht aller täglichen Fahrten zeigt, dass das Angebot im gesamten Stadtgebiet angenommen wird.

II. Präsentation

Die gesamte Präsentation zur obenstehenden Zusammenfassung im Original können Sie mit folgendem QR-Code downloaden:

Stichwortverzeichnis

U

V

W

Z